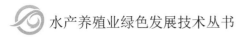

水产养殖业绿色发展技术丛书

U0394778

海带
绿色高效养殖

农业农村部渔业渔政管理局　组编
刘　涛　主编

HAIDAI
LÜSE GAOXIAO YANGZHI
JISHU YU SHILI

中国农业出版社
北　京

丛书编委会

本书编委会

主　编：刘　涛

副主编：冯启超　　王珊珊　　王建波

编　委：（按姓氏笔画排序）

于亚慧　马文君　王仁杰　王北阳　叶启旺

刘　彬　李荣茂　宋洪泽　陈伟洲　金振辉

周楠楠　赵　明　赵圆圆　骆其君　贾旭利

翁祖桐　郭聪颖　董志安　景福涛　曾　旻

丛书序 PREFACE

2019年，经国务院批准，农业农村部等10部委联合印发了《关于加快推进水产养殖业绿色发展的若干意见》(以下简称《意见》)，围绕加强科学布局、转变养殖方式、改善养殖环境、强化生产监管、拓宽发展空间、加强政策支持及落实保障措施等方面作出全面部署，对水产养殖业转型升级具有重大意义。

随着人们生活水平的提高，目前我国渔业的主要矛盾已经转化为人民对优质水产品和优美水域生态环境的需求，与水产品供给结构性矛盾突出与渔业对资源环境的过度利用之间的矛盾。在这种形势背景下，树立"大粮食观"，贯彻落实《意见》，坚持质量优先、市场导向、创新驱动、以法治渔四大原则，走绿色发展道路，是我国迈进水产养殖强国之列的必然选择。

"绿水青山就是金山银山"，向绿色发展前进，要靠技术转型与升级。为贯彻落实《意见》，推行生态健康绿色养殖，尤其针对养殖规模大、覆盖面广、产量产值高、综合效益好、市场前景广阔的水产养殖品种，率先开展绿色养殖技术推广，使水产养殖绿色发展理念深入人心，农业农村部渔业渔政管理局与中国农业出版社共同组织策划，组建了由院士领衔的高水平编委会，依托国家现代农业产业技术体系、全国水产技术推广总站、中国水产学会等组织和单位，遴选重要的水产养殖品种，

1

邀请产业上下游的高校、科研院所、推广机构以及企业的相关专家和技术人员编写了这套"水产养殖业绿色发展技术丛书"，宣传推广绿色养殖技术与模式，以促进渔业转型升级，保障重要水产品有效供给和促进渔民持续增收。

这套丛书基本涵盖了当前国家水产养殖主导品种和主推技术，围绕《意见》精神，着重介绍养殖品种相关的节能减排、集约高效、立体生态、种养结合、盐碱水域资源开发利用、深远海养殖等绿色养殖技术。丛书具有四大特色：

突出实用技术，倡导绿色理念。丛书的撰写以"技术＋模式＋案例"为主线，技术嵌入模式，模式改良技术，颠覆传统粗放、简陋的养殖方式，介绍实用易学、可操作性强、低碳环保的养殖技术，倡导水产养殖绿色发展理念。

图文并茂，融合多媒体出版。在内容表现形式和手法上全面创新，在语言通俗易懂、深入浅出的基础上，通过"插视"和"插图"立体、直观地展示关键技术和环节，将丰富的图片、文档、视频、音频等融合到书中，读者可通过手机扫二维码观看视频，轻松学技术、长知识。

品种齐全，适用面广。丛书遴选的养殖品种养殖规模大、覆盖范围广，涵盖国家主推的海、淡水主要养殖品种，涉及稻渔综合种养、盐碱地渔农综合利用、池塘工程化养殖、工厂化循环水养殖、鱼菜共生、尾水处理、深远海网箱养殖、集装箱养鱼等多种国家主推的绿色模式和技术，适用面广。

以案说法，产销兼顾。丛书不但介绍了绿色养殖实用技术，还通过案例总结全国各地先进的管理和营销经验，为养殖者通过绿色养殖和科学经营实现致富增收提供参考借鉴。

　　本套丛书在编写上注重理念与技术结合、模式与案例并举，力求从理念到行动、从基础到应用、从技术原理到实施案例、从方法手段到实施效果，以深入浅出、通俗易懂、图文并茂的方式系统展开介绍，使"绿色发展"理念深入人心、成为共识。丛书不仅可以作为一线渔民养殖指导手册，还可作为渔技员、水产技术员等培训用书。

　　希望这套丛书的出版能够为我国水产养殖业的绿色发展作出积极贡献！

　　　　　　农业农村部渔业渔政管理局局长：

　　　　　　　　　　　　　　　　　2021 年 11 月

前　言　FOREWORD

　　海带是综合开发用途最广的海产品之一。除了作为海洋蔬菜食品之外，海带也是鲍、海胆、海参等养殖的优质饲料。同时，海带精深加工生产的褐藻酸钠、岩藻多糖硫酸酯等产品，在医药保健、生物材料、纺织印染、食品、化妆品等领域也具有非常广泛的用途。海带作为无环境污染的海水养殖种类，是联合国粮食及农业组织（FAO）在全球鼓励发展的养殖对象。大力发展海带养殖业具有缓解海水富营养化、扩大养殖容量等重要的生态价值，对我国渔业绿色发展具有非常重要的现实意义。海带养殖业具有投入低、效益稳定和养殖风险低等优点，在美丽渔村建设中对促进渔民就业和致富也具有重要的社会效益。

　　中华人民共和国成立之后，率先突破了海带全人工养殖技术并在全球开创了全人工海水养殖业；海带南移养殖工作进一步把海带养殖区域从北方海域向南拓展至福建和广东沿海，形成了我国海水养殖业的第一次浪潮；海带遗传育种研究与良种培育工作推进了全球海带产业乃至海水养殖业的良种化养殖进程。迄今为止，我国的海带养殖产量已连续28年位居全球首位，不仅为中国成为世界水产养殖大国添上了浓墨重彩的一笔，也为全球水产养殖业发展做出了重要的贡献并提供了典型范例。

本书以图文并茂的方式总结了中国海带养殖技术，既可作为科普图书和实用技术手册，也具一定的学术参考价值。

因笔者水平有限，本书疏漏和不足之处还盼请广大读者予以批评指正。

刘　涛

2019 年 10 月

目 录 CONTENTS

丛书序
前言

第一章 养殖概况 / 1

第一节 海带的经济价值与生态功能 ·· 1
一、海带的经济价值 ·· 1
二、海带的生态功能 ·· 4
第二节 海带养殖国内外发展历程 ·· 5
一、海带养殖的国内历史与文化 ·· 5
二、海带养殖的国际科技发展历程 ······································ 7
第三节 国内外海带养殖产业现状与展望 ···································· 9
一、国际海带养殖产业现状 ·· 9
二、国内海带养殖产业现状 ·· 12
三、海带产业的发展展望 ·· 17

第二章 基本生物学特性 / 19

第一节 海带的形态构造 ·· 19
一、孢子体的形态构造 ·· 19
二、配子体的形态构造 ·· 21

1

第二节 海带的分类与分布 ………………………………… 22

一、海带的分类 …………………………………………… 22

二、海带的分布 …………………………………………… 23

第三节 海带的繁殖 ………………………………………… 24

一、海带孢子体的无性繁殖 ……………………………… 24

二、海带配子体的繁殖 …………………………………… 28

第四节 海带生长发育各阶段的特征及规律 …………………… 30

一、幼龄期 ………………………………………………… 30

二、凹凸期 ………………………………………………… 31

三、脆嫩期 ………………………………………………… 32

四、厚成期 ………………………………………………… 32

五、成熟期 ………………………………………………… 33

六、衰老期 ………………………………………………… 33

第五节 海带育种技术历史与良种现状 ……………………… 34

一、海带育种技术历史与发展趋势 ……………………… 34

二、海带新品种生物学特性简介 ………………………… 35

第三章 绿色健康养殖技术 / 39

第一节 养殖环境 …………………………………………… 40

一、底质 …………………………………………………… 41

二、水质 …………………………………………………… 42

三、水深 …………………………………………………… 42

四、海流 …………………………………………………… 42

五、透明度 ………………………………………………… 43

六、营养盐 ………………………………………………… 44

第二节 养殖设施 …………………………………………… 44

一、养殖筏的类型与结构 ………………………………… 45

二、养殖筏的主要器材及其规格 ……………………………… 45
三、养殖筏的设置 …………………………………………… 49
四、养殖器材的用量和规格 ………………………………… 53
第三节　养殖技术 …………………………………………… 54
一、苗种质量 ………………………………………………… 54
二、苗种运输 ………………………………………………… 55
三、下海暂养 ………………………………………………… 56
四、分苗 ……………………………………………………… 58
五、海区养殖方式 …………………………………………… 62
六、养殖管理 ………………………………………………… 63
七、病害防控 ………………………………………………… 67
八、收获 ……………………………………………………… 71
九、初级加工 ………………………………………………… 72

第四章　绿色高效养殖案例 / 75

第一节　养殖投入与产出 …………………………………… 75
第二节　养殖案例 …………………………………………… 77

参考文献 ……………………………………………………… 80

第一章 养殖概况

第一节 海带的经济价值与生态功能

海带（*Saccharina japonica*）的发源地为西北太平洋沿岸，自然分布于日本、韩国、朝鲜等国家和俄罗斯远东地区沿海。我国20世纪初期从日本引进了海带，并于20世纪中期率先解决了海带全人工养殖技术，带动了全球海带养殖业的发展。海带具有生长快、产量高、养殖成本低、综合利用价值高等特点而成为全球最重要的经济海藻之一。根据《中国渔业统计年鉴》的统计数据，2018年我国海带产量为152.25万吨，占全国藻类总产量的64.96%，位居国内藻类产量的第一位。

一、海带的经济价值

虽然我国不是海带的原产地，但我国先民食用海带的历史可追溯到1 500余年前。据史料记载，早在南齐和唐代，我国就从朝鲜进口过海带，近几百年来则多从日本、朝鲜等国进口。20世纪50年代，我国海带养殖业起步后，海带产量逐年上升，至20世纪后半叶，我国已成为全球第一大海带养殖国。海带营养丰富，且含有较高的碘、甘露醇、褐藻胶等重要成分，是一种在食品、医药和海藻工业生产中均十分重要的经济海藻。

1. 食用价值

作为一种营养丰富的海洋蔬菜，每 100 克海带中含有蛋白质 8 克、脂肪 0.1 克、类胡萝卜素 0.57 毫克、维生素 B_1 0.09 毫克、维生素 B_2 0.36 毫克、烟酸 1.6 毫克、铁 50 毫克、磷 216 毫克、钴 22 微克及一定量的维生素 C。海带所含的蛋白质、铁等营养元素均高于普通蔬菜。此外，海带富含膳食纤维，是一种低热量的食物，被日本民众称为"长寿菜"。在我国，除直接食用新鲜海带外，还可以加工成便于储存运输的干海带和盐渍海带制品，包含海带丝、海带块、海带扣等众多产品类型；此外，一系列海带深加工产品也已走向市场，如海带面、海带酱、海带酱油、海带酥、海带饮料等新型食品、调味品和零食，极大丰富了海带食用的方式，也扩大了消费者群体。在日本，由于国民将海带作为主要的食用蔬菜种类，其食用产品更是多达数百种（彩图 1 至彩图 6）。

2. 药用价值

海带富含碘、岩藻多糖等生物活性物质，在医药保健方面具有广泛的应用。早在汉末的药学著作——《名医别录》中便有关于海带的记载："味咸，寒，无毒。主治十二种水肿、瘿瘤聚结气、瘘疮。"此外，在梁代陶弘景的《本草经集注》和明代李时珍的《本草纲目》中也有关于海带药用价值的记载。每 100 克海带干品中碘的总含量可达到 240～720 毫克，使得海带成为防治甲状腺肿的药用食品，在防治甲状腺疾病方面发挥了重要作用。海带含有的褐藻胶、岩藻多糖等大分子物质更是优良的膳食纤维，对促进肠胃蠕动等有一定的效果。海带中丰富的褐藻胶、甘露醇及岩藻多糖等在降血脂、降血糖及抗肿瘤方面均表现出来了较好的功效。上述海带多种功能成分及其良好的"药食同源"的效果，使得海带成为"海昆肾喜胶囊""藻酸双酯钠片"等海洋药物的原料（图 1-1、图 1-2）。同时，近年研究显示，海带寡糖也在抗阿尔茨海默症方面显示出良好的临床实验效果。

3. 工业价值

海带是目前已知含碘量最高的海藻。成熟海带中的甘露醇含量

图 1-1 海昆肾喜胶囊

图 1-2 藻酸双酯钠片

可达到 23％以上，褐藻胶含量最高也可达到 20％左右，使得海带成为提取碘、褐藻胶（主要成分为海藻酸钠等海藻酸盐，图 1-3）及甘露醇（图 1-4）的重要工业原料。从海带中提取的碘被制成碘酒、碘仿等医用消毒剂，也作为还原剂制备钛、锆、锗等元素；褐藻胶被广泛地用作食品稳定剂及增稠剂、印染工业中的印花色浆等；甘露醇则可用作食品的防粘连剂、医药中的利尿剂和配制细菌培养基的原料，以及用于生产糖尿病患者可食用的无糖食品增味剂。

图 1-3 海藻酸钠

3

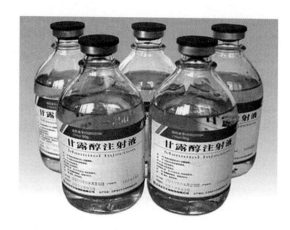

图1-4 甘露醇注射液

二、海带的生态功能

海带作为海洋初级生产力的一部分,在提供海洋动物饵料和生活场所的同时,在海洋生态系统中还发挥着固定光能、吸收二氧化碳、合成有机物质、释放氧气、净化水质、维持生态平衡等重要作用,在近岸海洋生态系统中发挥了关键作用,尤其是在温带近海潮下带密集生长的海带等褐藻被称为"海底森林"。

海带作为重要的近海底栖性经济海藻,在生长过程中需要从海水中吸收并同化大量的氮、磷等营养元素才能满足其自身生长的生理需求,同时吸收海水中的 CO_2 并释放 O_2,在元素的生物地球化学循环中扮演着关键的角色。尤其是我国开展的大规模海带养殖以及"贝藻间养"工作,有效地减轻了我国集约化浅海养殖模式所造成的水体富营养化,并成功地改良了海湾底质环境,防止赤潮或动物病害所带来的严重损失。以每100克海带分别含碳31.2克和氮1.63克计,仅2018年我国养殖的海带就可以固碳47.5万吨,对于我国政府应对全球气候变化、履行国际公约也具有重要的意义。

第二节　海带养殖国内外发展历程

一、海带养殖的国内历史与文化

海带是东亚地区沿海人民普遍喜好的海产品。20 世纪中期之前，海带主要来自海底的自然资源采收。海带属藻类自然分布在高纬度的温带和冷水性海域，主要分布于太平洋和大西洋北部沿岸地区，而中国并不是海带的原产地。曾呈奎（1962）考究了我国古代历史典籍的记录，并认为《海药本草》（五代，李珣）中记载的朝鲜出产的"其草"、《本草纲目》（明代，李时珍）记载的朝鲜进口的"高丽昆布"、《名医别录》记载的朝鲜"昆布"就是现今的海带属藻类。历史上中国的海带产品来自朝鲜和日本等，其应用并不是非常广泛，主要集中于医药方面。早在 1 500 年前，我国就有食用海带并利用其预防和治疗甲状腺肿大的记载。而新中国成立后，老一辈科学家联合攻关解决了海带人工养殖的技术难题，北起辽宁大连、南至广东潮汕发展了海带人工养殖业，使我国成为全世界海带养殖产量最大的国家（彩图 7 和彩图 8）。

海带养殖业的发展历程可以作为新中国农业发展历史的里程碑之一。以海带养殖为核心的海藻养殖业被称为我国海水养殖的"第一次浪潮"。海带养殖业的蓬勃发展，有效地促进了相关产业的发展，尤其是在我国形成了以海带为主要原料的海藻化工业，产业规模和出口贸易总量多年居世界首位。海藻化工业的发展不仅带来了褐藻胶和海藻肥等出口畅销产品，而且海带制碘工作对新中国国防事业和人民健康工作做出了重要贡献，结合"加碘盐强制推广"政策的实施，我国甲状腺肿的患病率显著下降。除此之外，我国首创了海带全人工养殖技术，也为其他海洋生物，尤其是海水养殖动物的产业发展提供了成熟的经验与技术模式。例如，我国海水养殖的"第二次浪潮"（贝类养殖）、"第三次浪潮"（对虾养殖）、"第四次浪潮"（鱼类养殖），在育苗设施和海上筏式养殖设施设计方面都大量借鉴和参照了海带养殖的有关工程技术。海带养殖在扩大其他海藻类物种养殖种类方面作用更为突出，在近60多年的时间里，带动了紫菜（坛紫菜和条斑紫菜）、裙带菜、龙须菜、羊栖菜、麒麟菜（琼枝、异枝卡帕藻）等10余种大型海藻的人工养殖工作，进一步丰富了我国的海水养殖种类和结构，增加了养殖产量，形成了具有我国特色的经济海藻养殖业。

我国的海带食品加工，早期主要是进行淡干海带的晾晒，在20世纪80年代才开始进行煮烫后盐渍加工的生产。目前，我国海带食品加工仍是以淡干海带和盐渍海带为主，加工的产品类型包括海带丝、海带结、海带卷、海带片、海带条、海带头等，此外还开发了海带饮料。进入21世纪，我国开始加工生产海带面条、海带汤、海带酥、海带酱油等新型产品，同时，以盐渍海带进一步烘干生产的干燥海带系列产品也得到了较大的发展；近年来，山东地区将海带打成浆加工为"海带面"，福建地区将海带苗加工为"海带芽"，烹饪极为简便。但总体上，中国海带的消费理念仍主要来自其具有"防治甲状腺肿"和"促进排便"这些广为人知的生物功能，这也是海带区别于其他海产品的最大的饮食文化特征。

我国海带生物提取业（也称为海带工业或海带化工业）的起步较欧美等发达国家晚。1953年我国首次从海蒿子中成功提取制备出褐藻胶，1954年提出了较为完整的工艺方法，并于1958年进行了初步的工业生产；1959年开始进行海带综合提取褐藻胶、甘露醇和碘的工作。20世纪60年代，出于对碘提取的重大国民健康需求和国防需求，国家高度重视海带制碘生产，离子交换树脂法提取碘工艺的突破及相关设备的研制，为全国海带化工制碘的发展打下了坚实的技术基础，至70年代初期初步摆脱了我国用碘完全依赖进口的局面。20世纪80年代初期，受国内外形势变化以及产能过剩和产品种类单一的影响，"碘胶并重、以胶促碘"成为国家发展海带化工业的指导思想，基本形成了褐藻胶、甘露醇和碘三大类产品，1986年仅山东省10个海带化工厂生产褐藻胶3 200余吨、甘露醇1 500余吨、碘60余吨，部分食用褐藻酸钠产品的色度、黏度、不溶物等指标基本达到了国外知名公司的产品水平，产业发展迎来了新时期。至20世纪90年代初期，我国海带化工企业多达50余家，主要分布在辽宁、山东、江苏、浙江、福建、广东等沿海省份。同时，甘露醇、褐藻胶产品大量出口，分别约占同类产品全球贸易总量的16%和30%，居世界首位。21世纪初期，海带生物提取业的原料来源发生重大变化。南美洲的智利、阿根廷等沿海的巨藻等野生褐藻资源丰富，其褐藻胶含量高且成本低廉，通过进口逐渐取代了国内养殖海带作为化工原料。同时，由于从智利进口矿物碘以及工业合成甘露醇工艺的成熟，海带提取碘和甘露醇缺乏价格竞争力，我国海带生物提取业基本转向以褐藻胶为主要产品。当前，我国海带生物提取企业主要集中在北方地区，主要产品为海藻酸钠和岩藻聚糖硫酸酯，副产品综合开发则包括利用海藻渣生产动物饲料和海藻肥等。尽管目前已有部分岩藻黄素、海带纤维、海带医用产品以及化妆品等新产品的生产开发，但生产和销售规模仍然有限，海带新型生物医药产业仍处于发展的初期。

二、海带养殖的国际科技发展历程

中国最早于1927年前后（并未有准确记载，具体发现时间是由日本技师回忆整理的，存在着争议），在辽宁大连的寺儿沟潮下带首次发现了海带（*Saccharina japonica*）自然群体的分布，被认为是1914—1925年，日本人修筑寺儿沟栈桥时，由日本来往商船或木料带来的。为在中国收获海带，日本人从日本北海道青森、岩手等地又引进了一批种海带，并先后在大连的寺儿沟、大沙滩、星个浦、黑石礁一带沿海进行绑苗投石海底繁殖试验。中华人民共和国成立后，中国科学家和产业单位联合攻关，先后突破了海带自然光夏苗培育技术、海带筏式养殖技术和海带施肥养殖等关键技术，建立了海带全人工养殖技术，在国际上首次实现了从自然采捕和增殖向全人工养殖的发展，开创了全球海水养殖业的先河。我国的海带年产量也从 1952 年的 22.3 吨快速增长至 1958 年的 6 253 吨，同期中国海藻产业对全球海藻产量的贡献达到了 15%（FAO，2004）；1956 年开展的"海带南移养殖"工作进一步把海带养殖区域从辽宁、山东向南拓展至江苏、浙江、福建和广东，至今仍保持着海带最低纬度的养殖纪录。在东部沿海的江苏省、浙江省、福建省兴建了一批育苗场，有力地支持了当地的海带养殖业发展，并支撑国家海带产业形成了中国海水养殖的"第一次浪潮"。20 世纪 60 年代，中国科学家首次开展了海带遗传学和育种研究工作，培育出了国际上第一个海水养殖生物新品种"海青 1 号"海带，开辟了中国海带良种化栽培的历程；此后，选择育种、单倍体育种、杂交育种和远缘杂交育种、杂种优势利用等育种技术的建立以及"单海 1 号""单杂 10 号""860""远杂 10 号"等海带新品种培育，进一步提升了中国海带养殖产量，并为中国海藻工业化发展提供了重要的优质加工原料保障；由于中国海带人工栽培技术的发展以及优良品种的应用，我国海藻产业于 80 年代首次超过日本，成为全球第一大海藻养殖国，至今一直保持着全球领先地位。20 世纪末期以来，中国海洋大学、山东东方海洋科技股份有限公司、中国科学院海洋研究所、中国水产科学研究院黄海水产研究所等单位培育的"901""荣福""东方 2 号""东方 3 号""东方 6 号""爱伦湾""黄官""东方 7 号""三海""205"等 10 个海带新品种及其养殖推广，进一步推动了 21 世纪中国海带产业的健康优质发展。同时，海带食品加工技术的发展促进了我国海带加工从化工向食品领域的转型发展，鲍养殖业在山东省和福建省的发展进一步带动了海带饲料的需求，有效促进了海带养殖业快速发展。FAO《世界渔业和水产养殖状况（2014）》指出，"在中国，从 2000 年到 2012 年海藻养殖产量几乎增长一倍，主要是高产品种的开发发挥了重要作用"。目前，我国具有北起辽宁大连、南至福建漳州的东部沿海海带养殖产业，其中福建省、山东省和大连市是我国海带苗种繁育和养殖的优势产区。

不同学者对我国海带养殖技术发展历程的认识有所不同，笔者建议大致分为以下 5 个阶段（图 1-5）：①海带自然增殖及半人工养殖时期（1927—1942 年），②海带全人工养殖的探索时期（1943—1951 年），③海带全人工养殖时期（1952—1958 年），④海带养殖全国快速发展时期（1959—1989 年），⑤海带良种养殖时期（1990年至今）。

第一阶段 海带自然增殖及 半人工养殖时期 1927—1942年	第二阶段 海带全人工养 殖的探索时期 1943—1951年	第三阶段 海带全人工 养殖时期 1952—1958年	第四阶段 海带养殖全国 快速发展时期 1959—1989年	第五阶段 海带良种 养殖时期 1990年至今

图 1-5　我国海带养殖发展历程

截至目前，中国仍然是全球海带养殖技术最发达的国家，从良种培育、苗种繁育至海带养殖形成了完整和体量庞大的产业(彩图9)。相比之下，日本仍采用人工苗种繁育和自然增殖相结合的方式进行海带养殖；韩国和朝鲜至今未建立成熟的海带育苗企业；法国和荷兰等国家，尽管尝试开展海带金属框架式设施结合半自动采收装置的养殖试验，但产量仍然十分低下，远远无法达到中国筏式养殖模式下的高产和高效水平。21 世纪以来，部分企业以及教育科研机构在山东省开展了机械化采收和晾晒设备的研制，但仍属于起步研究阶段，在当前海带养成品"质优价廉"的生产营销模式下，较高的机械化装备运行成本还不能被生产应用单位所接受。

第三节　国内外海带养殖产业现状与展望

一、国际海带养殖产业现状

海带增殖和养殖最早开始于 20 世纪初期的中国和日本，而法国、英国等地区则主要是以采收野生海带资源为主，且主要用于农业肥料、饲料以及生物提取业。

1950年开始，FAO统计以大型海藻为主要种类的水生植物产量。其统计数据显示：1950年全球海带产量为5 338吨（鲜重）；2000年海带产量为4 091 409吨（鲜重），2016年海带产量为8 219 243吨（鲜重）。近10年来，全球海带的产量持续呈现上涨的趋势，且增长速度显著高于鱼类、虾类、贝类。联合国粮食及农业组织（FAO）统计数据显示，1950年、2000年和2016年，全球水生植物产量为407 272吨（鲜重）、10 507 486吨（鲜重）、31 137 870.59吨（鲜重），海带产量分别占全球水生植物总产量的1.31%、38.94%、26.40%。海带在全球水生植物中占有极其重要的地位（图1-6、图1-7）。

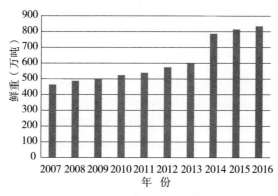

图1-6　2007—2016年全球海带总产量

全球海带产量主要来自养殖（98.59%；FAO，2016），尤其是在中国、韩国和朝鲜等亚洲国家，而法国、俄罗斯、冰岛、爱尔兰等欧洲国家的海带产量则主要来自采收野生资源。2016年度，中国、日本和韩国的海带养殖产量分别为7 305 290吨、27 068吨、489 000吨（表1-1）。

表 1-1　2016 年度不同国家海带产量（含养殖）统计表（单位：吨）
(FAO, 2016)

国家/地区	总产量	养殖产量	捕捞产量	养殖率
中国	7 305 290	7 305 290	0	100.00%
日本	85 168	27 068	58 100	31.78%
韩国	489 000	489 000	0	100.00%
朝鲜	397 863	397 852	11	100.00%
法国	55 021	0	55 021	0
冰岛	2 125	0	2 125	0
爱尔兰	1 400	0	1 400	0
挪威	33.38	33.38	0	100.00%
俄罗斯	1 289	0	1 289	0
合计	8 337 189	8 219 243	117 946	98.59%

　　中国、日本、韩国和朝鲜是全球海带的主要养殖国家。几十年来，中国的海带养殖产量一直占据全球首位，且超过了全球海带产量的 80%。截至 2016 年，中国的海带养殖产量占全球海带养殖产量的比例达到了 88.88%，在全球具有支配性地位。中国的海带产量全部来自养殖。中国海带的养殖生产开始于 1953 年，至今已有 60 多年的养殖历史，且海带养殖产量一致保持着上升趋势；自 20 世纪 80 年代首次取代日本成为全球海带最主要的生产国以来，一直保持着国际首位。日本海带产量至 1992 年达到顶峰，但在最近 20 年的时间里，海带产量呈现逐年下降趋势，至 2016 年已下跌至全球第四位，位于中国、韩国和朝鲜之后。1989—1992 年，韩国的海带养殖产量达到顶峰，之后逐渐下降，21 世纪以来韩国的海带养殖产量一直保持着较为平稳的状态。朝鲜的海带养殖产业起步较晚，直到 2004 年海带养殖产量才有

了大幅度的增加，但发展速度很快，近年来仍呈现产量快速增加的趋势，现已超过日本成为国际第三大海带生产国。

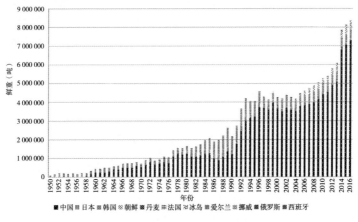

图 1-7　1950—2016 年全球海带总产量统计

二、国内海带养殖产业现状

海带产业是中国渔业中产业链最长、产品种类最丰富的产业。在我国已形成集育苗、养殖、食品加工、海藻化工、海洋药物与保健品、海带肥、海带饲料等于一体的较为完整和系统的海带产业链条。我国海带育苗、养殖、食品加工、海藻生物提取业的规模和产量均在全球海藻产业中具有支配性地位。

（一）国内海带养殖业结构

我国海带养殖产业主要是归属于第一产业的海带育苗业和海带养殖业。

（二）国内海带育苗业现状

近 20 年国家渔业统计数据显示，我国海带苗种繁育总量总体上呈现持续增长的趋势。2005 年之前，我国海带苗种繁育总量总体稳定；2006 年开始，受国家和地方发展海洋经济相关政策的有效引导以及养殖需求增加的影响，山东省和福建省新建和扩建了若干海带育苗场，使得我国海带苗种繁育能力和总量得到大幅度提高。目前，我国有三个省进行海带苗种繁育生产，即福建省、山东省和辽宁省（大连市），育苗量分别占据总量的 59.25%、21.01% 和 18.48%。2018 年全国的海带苗种繁育总量达到 490 亿株。

（三）国内海带养殖业现状

1. 国内海带养殖面积现状

近 40 年来，我国的海带养殖产业格局发生了巨大的变化。1979 年，我国的海带养殖面积仅为 18 813 公顷；而截至 2018 年，我国的海带养殖面积已达到 45 100 公顷，是 1979 年的 2.4 倍。在养殖区域分布上，1979 年，我国的海带养殖区主要在山东地区（43.66%），养殖面积达到 8 213 公顷；其次是浙江（19.84%）和福建（18.32%）地区，养殖面积分别为 3 733 公顷和 3 447 公顷；再次是辽宁地区（11.73%），养殖面积为 2 207 公顷；此外，江苏地区的海带养殖面积也占据了全国的 6.38%，达到 1 200 公顷。总体上以山东地区为主，浙江、福建、辽宁和江苏地区均有一定养殖。2000 年，全国海带养殖区域变为以山东地区（50.78%）为主，福建（24.02%）和辽宁（20.89%）次之，浙江地区（4.07%）有一定规模养殖。而 2018 年，福建、山东和辽宁这三个省的海带养殖面积占据了全国 96.74%（图 1-8 至图 1-11）。

21 世纪初期，我国福建省和山东省海带养殖面积大幅度增加，但近几年受传统养殖区养殖饱和、新兴养殖区发展缓慢等影响，我国海带养殖面积仅呈现出微量的增加，总体上保持着平稳发展的态势。2018 年，我国海带养殖面积为 4.5 万公顷，南、北方海带总养殖面积比例约为 1∶1。福建省海带养殖面积连续十年位居全国第一，2009 年福建省海带养殖面积已达到 14 703 公顷，占全国海

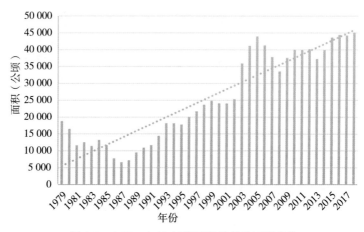

图 1-8　1979—2018 年我国海带养殖面积变化

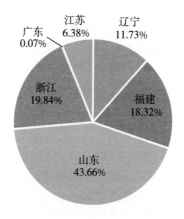

图 1-9　1979 年我国各省海带养殖面积占比

带养殖面积的 39.1%，2018 年则进一步达到全国海带养殖面积的 45.23%。海带养殖面积第二大的省份为山东省，2018 年养殖面积 17 156 公顷，仅低于福建省，占全国养殖面积 38.04%。辽宁省位居第三，2018 年海带养殖面积 6 073 公顷，占全国海带养殖总面积的 13.47%。

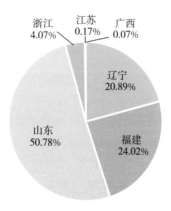

图 1-10　2000 年我国各省海带养殖面积占比

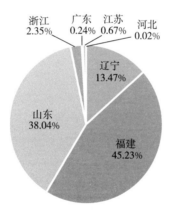

图 1-11　2018 年我国各省海带养殖面积占比

2. 国内海带养殖产量现状

1979 年开始，农业部渔业渔政管理局开始统计大型海藻产量。中国渔业统计年鉴数据显示，1979 年全国海带产量约为 24.01 万吨（鲜重）；2000 年海带产量约为 83.04 万吨（鲜重），2017 年海带产量约为 148.66 万吨（鲜重）。同期，全国藻类总产量约为 25.04 万吨（鲜重）、120.16 万吨（鲜重）、222.78 万吨（鲜重），海带产量分别占全国藻类总产量的 95.89%、69.11%、66.73%，成为我国最重要的渔业种类之一。近 10 年来，我国的海带产量总体呈现出上涨的趋势，且增长速度显著高于其他藻类，以及鱼类、虾蟹类和贝类。

由于养殖面积的扩大以及高产品种的推广应用，我国海带养殖产量逐年增加。1979 年全国的海带养殖产量仅为 24.01 万吨，而 2018 年已经达到 152.25 万吨，产量增加了 5 倍以上。全国各地区海带产量的变化与养殖面积变化基本一致。

中国渔业统计年鉴数据显示，2018 年中国海带养殖产量 152.25 万吨。南、北方海带养殖产量基本持平。福建省、山东省和辽宁省是中国海带的主产区。2002 年，福建省海带养殖产量首度超过了山东省，居全国首位。2018 年福建省海带养殖产量 768 304 吨，占全国海带总产量的 50.46%，产量贡献率首次超过了全国的一半；山东省海带养殖产量 506 838 吨，占全国海带总产量的 33.29%；辽宁省海带养殖产量 225 897 吨，占全国海带总产量的 14.84%（图 1-12、图 1-13）。

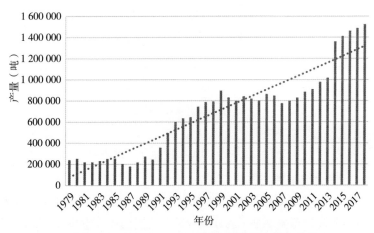

图 1-12　1979—2018 年我国海带养殖产量变化

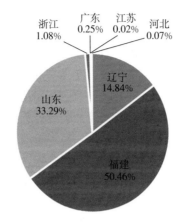

图 1-13　2018 年我国各省海带产量占比

三、海带产业的发展展望

我国海带产业发展为国家安全、人民健康、海洋产业发展以及现代渔业建设做出了重要的贡献。海带化工品作为出口产品对于我国外汇储备也做出了重要的贡献。海带作为大宗水产品和农业产品，是我国渔业的重要组成部分，并且是中国对全球渔业最具贡献价值的种类。海带作为全部水产品中产业链条最长、产品加工和应用领域最广泛的种类，在绿色渔业发展、海洋强国战略、生物医药产业等方面发挥了重要的作用。同时，海带养殖过程中可大量固定二氧化碳并转化海水中富营养化元素，具有良好的生态效益。因此，海带养殖业在我国的国民经济以及现代渔业产业中仍占据着重要的地位，并持续发挥其经济、社会和生态效益。

从国际海带产业的角度来看，适宜海带生长的水域主要集中在北半球温带至冷水性海域。在同纬度的欧美发达国家，人口稀少且劳动力成本过高；日本、韩国等传统养殖国家面临着严峻的人口老龄化问题，海带养殖规模和产量急剧下降；朝鲜海带产业刚刚起步，但养殖环境空间有限，无法支撑全球海带生产。因此，国际海带产业的问题仍然必须依赖中国解决。我国海带产业未来的国际地位将从"支配性"发展至"依赖性"。

海带作为一种营养均衡且具有独特生物活性成分的食用海藻，全国年人均占有量仅有 6 千克，仅为全国年人均蔬菜占有量的1%，消费市场潜力巨大。同时，海带作为一种"药食同源"的优质食品，在抗心血管疾病、降低糖类吸收等方面具有重要的食疗功效，将在我国解决青少年肥胖、老年易患疾病等重大国计民生问题方面发挥重要的作用，将是实施"健康中国"国家战略最有价值的安全食品之一。因此，从长期来看，我国海带产业仍具有广阔的发展前景。

我国具有丰富的海洋资源。党的十八大提出建设海洋强国，提高海洋资源开发能力，发展海洋经济。国家发改委等单位联合印发的《全国海洋经济发展"十三五"规划》，强调优化海洋经济发展布局，推进海洋产业优化升级，促进海洋经济创新发展。海带产业作为海洋经济重要组成部分之一，同时也是国家乡村振兴战略的重要支撑之一，具有良好的政策保障。2019 年，农业农村部等十部委联合印发了《关于加快推进水产养殖业绿色发展的若干意见》，作为新中国成立以来首个经国务院同意、专门针对水产养殖业的指导性文件，将绿色发展作为渔业发展的核心理念，包括海带养殖在内的生态健康养殖模式将成为未来中国水产养殖的主流方式。

尽管受到养殖水域滩涂规划等影响，目前海带养殖面积出现了一定的下降。但相对而言，我国适宜养殖海带的外海区空间仍然十分巨大，根据估测，全国可进行海带增养殖的潜在海域约有 64 万公顷，是当前海带养殖总面积的 14 倍，养殖发展空间潜力巨大。由于当前海带产品价格偏低和效益不足，导致了新技术、新工艺、新装备和新模式无法大规模应用。从产业质量效益着手，通过科学技术进一步提升产品质量和利润，解决当前面临的生产成本和技术设施投入等产业内在问题，合理统筹和规划未来海带产业格局和产能，更好地实现产业整体提质增效，从而实现产业转型升级发展。

第二章 基本生物学特性

第一节 海带的形态构造

海带是一种不等世代交替的海藻（彩图 10），其生活史包括二倍体的大型孢子体世代（$2n$）和单倍体的微型配子体世代（n），两个世代的藻体形态与结构存在着巨大的差异。

海带配子体世代是单倍体世代，主要是指孢子囊通过减数分裂产生游孢子，游孢子萌发后分别形成雌配子体和雄配子体，以及雌配子体细胞发育为卵和雄配子体细胞发育为精子的阶段。孢子体世代是二倍体世代，主要是指海带卵子受精形成合子，合子萌发后通过有丝分裂成为具有固着器、柄和叶片分化的叶状体，最终叶状体表面细胞发育为孢子囊的阶段。此外，海带雌配子体在一定条件下可经孤雌生殖的方式发育成单倍体的雌性孢子体，该孢子体成熟后放散的游孢子会全部发育为雌配子体，形成海带的雌性生活史。海带雄配子体经诱导亦可通过无配生殖发育成单倍体的雄性孢子体，该孢子体可正常生长，但无法形成孢子囊。

一、孢子体的形态构造

肉眼可见的海带为海带的孢子体（彩图 11），又称为叶状体。海带孢子体分为固着器、柄和叶片三部分。不同品种的海带在形态特征上可能略有不同，在固着器、柄、叶片各有些特征差异而显示出种群的特征，如叶片的长宽和厚度、成体色泽等；另外，化学成分上，如碘、褐藻胶、甘露醇含量等的不同，都代表着品种的特征。不同种群的孢子囊群外观与成熟期也有所差异。因此，海带外部形态特征是鉴别品种简便可靠的依据。

（一）固着器

海带柄部最下端部分称为固着器（彩图12）。海带的固着器不同于高等植物的根，其结构简单，仅起到固着藻体的作用。固着器是由许多自柄基部生出的多次分支的假根构成的，其末端有吸盘，附着在岩石或养殖绳上，以固定整个藻体。固着器的大小、假根的数量因藻体大小、品种差异而有所不同。海带幼苗期，固着器只有一个吸盘（彩图13），随着藻体的长大，在原有假根的上方逐渐自柄的基部呈放射状长出很多新的假根（彩图14），增加藻体的附着能力。海带成体的固着器形态一般呈圆形或扫帚形。一般而言，栽培海带比自然繁殖海带的固着器更发达。

（二）柄

柄是海带叶片与固着器连接的部位（彩图15）。成体海带的柄呈黄褐色至深褐色，和叶片相接的部分则呈扁平形，再向下直至固着器渐变成圆柱状。柄的形态与品种、栽培条件有关，多呈圆柱状或扁圆柱状。筏式养殖的海带，柄部在生长前期多为圆柱状，在生长后期逐渐发生变化。成体海带的柄长3～6厘米。海带柄的长短随海带的生长而有较大变化，同时与栽培密度以及栽培海区的透明度密切相关，在透明度低或栽培密度较大的情况下，柄的长度通常较长。

（三）叶片

海带柄部以下带状的部分为叶片，是海带进行光合作用的主要部位。海带叶片为褐色、扁平、不分支的带状，其宽度、长度与栽培环境、栽培技术以及栽培品种有关。叶片的长度、宽度、厚度不仅是分类鉴定的主要依据，也是生产中衡量经济性状的主要指标。在叶片上从梢部到柄部的中央部位，贯穿着有一定宽度而又在厚度上比两边缘略厚的部分，称为"中带部"，不同品种的海带中带部的显著程度不同。中带部明显的海带品种在中带部两侧可形成两条浅沟，称为"纵沟"；海带叶片两侧的叶缘薄而软、呈波褶状的部分称为"波褶"（彩图16）。海带叶片因细胞受光条件不同导致生长速度差异而略显弧形，一面凹，一面凸，凹面称为海带外面或向光面，凸面称为里面或背光面。通常情况下，养殖的海带叶片宽30～60厘米，长2～4米。辽宁和山东栽培的海带由于生长适温期长，叶片又长又宽；而浙江、福建和广东沿海，因生长适温期较短，叶片短而窄。

二、配子体的形态构造

在海带的生活史中，配子体存活的时间很短，在适宜的条件下一般仅为14天左右。海带的配子体微小，肉眼不可见，并且无组织分化，属于单细胞或多细胞丝状体。与孢子体不同，配子体具有性别的分化，可分为雌性配子体和雄性配子体。在人工控制的条件下，可将雌、雄配子体分离培养并形成无性细胞系，分别称为雌配子体克隆和雄配子体克隆。配子体克隆能够长期保存，且具有发育的全能性、遗传基础单一性等特点，是海带种质资源保存、遗传学研究以及育种研究等领域的重要实验材料。

（一）雌配子体的形态结构

海带雌配子体多为球形或梨形的单细胞，也有少数雌配子体可形成多细胞的丝状体。雌配子体在形成初期，细胞一般只生长、不分裂且生长较慢，颜色也较浅。随着时间的延长，细胞体积不断增大至直径为11～22微米，颜色变为深褐色（彩图17）。此后，雌配子体细胞不再增大，雌配子体细胞开始形成卵囊。当卵成熟时，雌配子体细胞的细胞壁便会破裂，将卵排出（彩图 18）。

（二）雄配子体的形态结构

海带雄配子体通常是多细胞的丝状体。雄配子体在形成初期不仅进行生长，还进行细胞分裂，因此，雄配子体的细胞体积不断增大，细胞数目也不断增加。雄配子体比雌配子体小，直径一般为5~8 微米，颜色也较雌配子体浅。雄配子体一般从丝状体最顶端的细胞开始形成精子囊。当精子成熟时，精子囊呈现无色的透明状，细胞端部破裂后释放精子（彩图 19）。

第二节 海带的分类与分布

一、海带的分类

在自然分类系统中，我国普遍养殖的海带（又称真海带，*Saccharina japonica*）隶属于棕色藻门（Ochrophyta）、褐藻纲（Phaeosporeae）、海带目（Laminariales）、海带科（Laminariaceae）、糖藻属（*Saccharina*）。传统的分类系统中将海带归入褐藻门（Phaeophyta），之前的海带属（*Laminaria*）现已拆分为海带属（*Laminaria*）和糖藻属（*Saccharina*）。

海带并不是我国自然分布的物种，而是于 20 世纪初期被引入我国，依靠固着器固着于大干潮潮线以下的岩礁，形成了可自然繁殖的群体。中华人民共和国成立前至成立初期，为了解决海带养殖技术研究的亲本来源问题，曾从日本多次引进海带群体。我国老一辈科学家建立海带全人工养殖技术后，为了培育高产品种，我国著名海藻遗传学家方宗熙教授于 20 世纪 50 年代末期便开展海带育种的研究，并于 80 年代先后从德国和日本引进了 8 个物种的海带种质资源，比较系统地收集和保存了海带种质资源。此后，中国水产科学研究院黄海水产研究所、大连海洋大学、山东省海洋生物研究院、中国科学院海洋研究所、山东东方海洋科技股份有限公司等单位先后多次开展了国外海带种质资源的引进工作。

二、海带的分布

海带分子系统学研究显示，千岛寒流流域的俄罗斯千岛群岛、日本北海道岛和本州岛北部的太平洋西北部沿岸海域可能是糖藻属（*Saccharina*）的发源地（多样性中心），分布着约半数的海带物种。我国养殖海带所属的糖藻属（*Saccharina*）包括了近50个物种，广布于南、北半球的高纬度海域，主要生长于太平洋和大西洋北部沿岸地区。海带不耐高温和干露，其自然垂直分布主要受海水透明度限制，自然生长的海带类褐藻多位于低潮带和低潮线以下8～30米深的海底岩礁上。但在地中海和巴西沿海等水质极其清澈的海域，部分种类甚至能在120米深的深海生活。

亚洲东部分布主要海带类经济物种包括海带（*Saccharina japonica*）、长叶海带（*Saccharina longissima*）、菊苣海带（又称卷边海带，*Saccharina cichorioides*）、皱海带（*Saccharina religiosa*）、狭叶海带（*Saccharina angustata*）和短柄海带（又称鬼海带，*Saccharina diabolica*）。其中，海带（*Saccharina japonica*）主要分布在俄罗斯东部、韩国东部和南部、日本北部和中国。在我国只有海带（*Saccharina japonica*）这一物种的自然分布。虽然，海带（*Saccharina japonica*）原产于太平洋西北部，为亚寒带藻类，其原产地最高月平均海水水温在20℃以下（8月）。但由于多年来的养殖驯化及品种改良，我国培育的海带品种现已能在最高月平均水温23℃左右的亚热带海域养殖。

欧洲沿海分布的海带类物种包括糖海带（*Saccharina latissima*）、极北海带（*Laminaria hyperborea*）、掌状海带（*Laminaria digitata*），主要集中在英国、法国和爱尔兰等国家沿海地区。此外，这些海带在德国、西班牙、巴西、美国、加拿大等国家的沿海也有分布。

目前，全球（主要是中国、日本、韩国、朝鲜、俄罗斯）养殖种类主要有海带（*Saccharina japonica*）、长叶海带（*Saccharina longissima*）和利尻海带（*Saccharina ochtansis*）等。

第三节 海带的繁殖

海带是一种异型世代交替的海藻，其孢子体和配子体有着各自的生殖方式和繁殖器官，两个世代相互继承、相互依存。当海带孢子体成熟后，其表面便会产生孢子囊群，进行无性繁殖，产生配子体进入配子体世代，进行有性繁殖，雌、雄配子体结合形成受精卵，发育成幼孢子体，进入孢子体世代，完成世代交替的生活史循环。

一、海带孢子体的无性繁殖

（一）海带孢子囊的形成

1. 海带孢子囊的形成

成熟海带孢子体的叶片表面会形成一些略突出于表面的不规则的孢子囊群（也称孢子囊斑），这就是海带孢子体的繁殖器官。孢子囊群形成初期呈现零星小块，之后各孢子囊群逐步扩大，最终连成一大片，颜色较藻体颜色较浅（彩图20）。由于孢子囊群的发育受到温度和光照的影响，因此，养殖海带的孢子囊群一般最先在叶片基部或者是靠近梢部的位置形成。成熟海带的整个叶片都可形成孢子囊群，此时海带生长停止，待孢子囊群全部放散完孢子后，海带孢子体也逐渐衰老死亡，结束孢子体世代。

目前，我国北方人工筏式养殖的海带一般于5—7月进入成熟期并开始形成孢子囊进行繁殖。此时，养殖和育苗人员便开始根据海带的性状选择种海带，对种海带切梢后集中管理，使孢子囊群在物质积累充分的海带中上部形成，用于8月的海带夏苗生产。我国南方地区水温较高，海带在5—6月便可形成孢子囊。此时，养殖和育苗人员便将用于育苗的种海带移至深海海区暂养，至7月移入室内在低温条件下进行暂养，用于9月的海带苗种生产。

2. 海带孢子囊的发生过程

海带孢子体成熟后，海带叶片上即将形成孢子囊群部位的表皮细胞分裂产生一个基细胞和一个侧丝细胞，基细胞横向增宽而侧丝细胞纵向伸长（彩图21）。侧丝细胞细长，在下端留出一定空腔，末端膨大并带黏液，形成一个厚的无色的富含岩藻多糖的保护表层。位于侧丝细胞下端的基细胞分化发育成孢子囊。在孢子囊内，孢子母细胞含有1个二倍体的细胞核和8个叶绿体。产生孢子时，二倍体的细胞核先进行2次减数分裂，分裂成4个单倍体的细胞核。此后，每个单倍体的细胞核连续进行3次有丝分裂，共分裂形成32个单倍体的细胞核。新分裂出来的细胞核最初位于孢子囊的中央，之后逐渐向四周移动，一个细胞核和一个色素体以及其周围的原生质组成一个孢子。由于孢子只有原生质膜包围，孢子之间无孢子囊壁相隔，因此，海带的这种孢子囊类型为单室孢子囊，每个单室孢子囊中含有32个孢子（彩图22）。

孢子囊成熟后，外部的孢子囊壁会破裂，剥离出透明的薄膜，生产上称"破皮"，即孢子囊群的隔丝顶端上的胶质膜成片地剥离，为孢子的逸出创造了条件。孢子释放后，即可通过鞭毛进行游动。

3. 影响海带孢子囊形成的因素

海带的成熟度、水温和光照是影响海带孢子囊形成的主要因素。海带是否成熟、是否可形成孢子囊，与海带的长度、宽度性状没有直接关系，而是与海带的干物质积累关系较为密切。当海带鲜干比（鲜重与干重的比值）达到（6～7）：1时，说明海带的干物质积累已较为充分，在光照、水温等条件适宜的情况下，海带叶片表面便可产生孢子囊。若海带干物质不足，海带叶片上便很难形成孢子囊，即使形成孢子囊，海带孢子也可能会由于物质积累不充分而无法正常发育。在自然海区中，15～20℃是种海带形成孢子囊群的最适温度。当水温超过23℃时，游孢子的放散量变少，甚至不放散。因此，我国北方的海带育苗场一般在水温上升至23℃前开始海带苗种的繁育工作。我国南方地区夏季海水温度较高，因此，一般6—7月将种海带移至室内培养。在水温8～10℃的条件下流水培养60天左右，海带叶片上便可大面积地形成孢子囊群。除海带的成熟度、水温外，光照也是影响海带孢子囊群形成的一个重要因素。在室内培养种海带时，一般采用1 000～4 000勒克斯的光照度诱导孢子囊群的形成。

（二）海带游孢子的发育

1. 海带游孢子的放散

将种海带在避免太阳光直射的情况下离水干燥数小时，使其叶片表面干燥的操作称为阴干处理。将阴干处理的海带重新放入冷的海水中，孢子囊群会大量吸水膨胀，孢子囊破裂，单室孢子囊中的孢子即被放散出来。一般情况下，成熟度较好的种海带在浸入冷水后的20～30分钟即可大规模放散。孢子大规模放散时，大量孢子在海水中呈云雾状，说明孢子健康、成熟程度很好，可在水中快速游动（彩图23）。经过一次放散的种海带可以再放散一次，且第二次放散时间要短于第一次所用的时间。由于大部分健康的孢子在前几次放散中均已进入水中，之后再放散出的孢子多为不成熟、不健康的孢子，因此，种海带连续放散的次数理论上不要超过3次。健康的孢子游泳能力强，在放散后可立即活泼快速地游动，称为游孢子。不健康的孢子，或者是受高水温刺激后鞭毛消失而不具游泳能力的孢子，称为不动孢子，其发育后的配子体死亡率和形成幼孢子体畸形苗的可能性较高。

2. 海带游孢子的形态

海带游孢子为梨形、无细胞壁的单细胞，细胞长 6.9～8.2 微米，宽 4.1～5.5 微米，细胞内有一个较大的质体和一个细胞核。细胞的前后具有两条侧生的不等长的鞭毛，前鞭毛较长、表面附有绒毛，后鞭毛较短、表面无绒毛。一般前鞭毛长 17.8～19.7 微米，后鞭毛长 6.9～8.2 微米（彩图 24）。

鞭毛是游孢子最重要的特征细胞器。在前、后两条鞭毛的作用下，游孢子才能在水中自主地游动。前鞭毛摆动频率较高，作波浪式运动，为游孢子的游动提供主要的推动力。后鞭毛摆动频率较低，在游孢子进行直线游动时不摆动，控制游孢子游动的方向。

3. 海带游孢子的附着与萌发

游孢子从孢子囊放出后，在水中活泼地游动。孢子游泳的时间长短和水温有关：水温 6～9℃时，大部分游孢子在 12 小时内即可附着；如果水温低至 5℃，孢子可以游泳 48 小时以上；水温 15～20℃时，游孢子在 5～10 分钟内就可以附着。海带游孢子的附着能力随附着时间的延长而增强。一般情况下，游孢子在附着 2 小时后即可牢固地附着在附着基上。

游孢子附着时先以前鞭毛附着于基质上，游孢子本身不断摆动，不久鞭毛消失，游孢子变成球状，经过一段时间的旋转后附着在基质上，进入胚孢子阶段（彩图 25）。胚孢子无细胞壁，只有原生质膜，约在 4 小时后开始萌发。胚孢子形成后，在细胞表面形成突起的萌发管，此后，萌发管不断伸长为长管状。萌发的过程历时 2～3 天，此过程中细胞内含物也随着萌发管的伸长而转移到萌发管膨大的顶端，并形成细胞壁，与胚孢子囊隔开，就形成了配子体，进入配子体阶段。

二、海带配子体的繁殖

(一)海带配子体的有性繁殖

海带的雌配子体和雄配子体可分别形成卵囊和精子囊，产生卵和精子，卵和精子结合形成受精卵的过程，称为海带配子体的有性繁殖，也称卵式生殖。

1. 海带雌配子体的发育

在适宜条件下，海带雌配子体一般不进行细胞分裂，可在较短时间内完成细胞直径不断增大的营养生长，为单细胞个体。单细胞雌配子体增大到一定程度后形态不再发生明显变化，整个细胞形成卵囊，内部形成卵。卵成熟后，细胞壁的一处产生突起，并逐渐伸长，细胞壁（卵囊壁）破裂，排放出卵（彩图 26）。卵排出后，由椭圆形变为圆球形，附着在空的卵囊口处等待受精。一个卵囊仅形成一个卵。若条件不适宜，海带雌配子体便一直处于营养生长时期，暂时不形成卵囊，而是生长成为多细胞的丝状体。条件适宜后，多细胞的雌配子体可同期发育，并同步排卵，发育过程与单细胞的雌配子体一致。

2. 海带雄配子体的发育

海带雄配子体细胞不仅进行生长，还进行细胞分裂，因此，海带雄配子体一般为多细胞体。雄配子体的每个细胞均可发育成精子囊（彩图 27），产生精子。一般海带雄配子体先由顶端细胞开始发育，顶端细胞发育的精子囊排出精子后，其余细胞依次发育排精。雄配子体形成精子囊时，细胞壁颜色变浅、透明，且形成锯齿状突起，精子成熟后，突起部分细胞壁变薄破裂，精子从此处游出。每个精子囊产生 1 个精子。精子呈梨形，无色，精子长 4.4～6.2 微米，宽 2.7～3.4 微米，具两条侧生不等长鞭毛，前面一条长 13.7～16 微米，后面一条长 16～19 微米。

3. 受精

在正常条件下，海带的雌、雄配子体在 15 天左右达到性成熟，雌配子体排卵，雄配子体排精，精子和卵结合完成受精。海带雌、雄配子体排卵和排精的发育具有一定的同步性。一般先排卵后排精。雌配子体在排卵的同时，会分泌一种名为海带烯（lamoxirene）的诱导激素。在海带烯的诱导下，精子会迅速从精子囊中排出，并游向卵子完成受精过程（彩图 28）。整个受精过程约在 5 分钟内完成。精子与附着在卵囊口处的卵结合形成受精卵。受精卵立即开始形成细胞壁。

（二）海带配子体的无性繁殖

20 世纪 70 年代，方宗熙等人发现：在适宜的温度和光照条件下，将海带雌配子体、雄配子体分离单独培养，雌、雄配子体均能够不断地进行细胞分裂，形成多细胞的丝状体，这些丝状体分别称为雌配子体克隆和雄配子体克隆，这个过程被称为海带配子体的无性繁殖。配子体细胞的分离培养以及低温弱光保存技术的建立，不仅为海带种质资源的长期保存开辟了新的途径，也为海带基础生物学研究、育种和苗种繁育生产实践提供了新的材料。

海带配子体营养生长的时间越长，细胞越多，丝状体越发达，最终形成簇状体，每个簇状体含有数万个或更多细胞，由此便可建立不同的雌、雄配子体克隆。维生素 C、持续光照和较高温度（18～20℃）等都能有效促进海带配子体的细胞分裂，进行营养生长，形成配子体克隆。

海带雌、雄配子体克隆都是多细胞个体，形态与雌、雄配子体存在一定的差别，主要体现在细胞直径和细胞色泽方面。相对而言，雌配子体克隆细胞（彩图 29）较雄配子体克隆细胞（彩图 30）的色泽较深，细胞直径也较大。

第四节　海带生长发育各阶段的特征及规律

从外部形态上看，海带孢子体虽然分为固着器、柄和叶片三部分，但从形成受精卵到孢子体成熟直至衰老死亡，海带经历了从小到大，从简单到复杂的生长发育过程。海带的生长方式可分为两个阶段，第一阶段从受精卵到 5 厘米的孢子体，该阶段海带细胞进行横分裂增加长度，进行纵分裂增加宽度，没有叶片、柄、固着器的分化，海带的生长主要是靠细胞增长增大细胞体积和细胞分裂增加细胞数量。第二阶段从海带孢子体长度超过 5 厘米开始，此阶段海带在叶片与柄连接处分化出生长部组织，此后藻体长度的生长主要由生长部完成，由于叶片新生部位在藻体的下部，而梢部的叶片属于老成部分，这种生长方式称为居间生长。

在不同的生长发育阶段，海带在外部形态、生理特点等方面均存在一定差异。根据这些差异，科研工作者将人工养殖海带的生长过程划分为幼龄期、凹凸期、脆嫩期、厚成期、成熟期和衰老期 6 个生长发育阶段，便于相关人员根据海带各个生长发育阶段的特征及规律，采取相应的养殖措施，以达到高产、优质的生产目标。

一、幼龄期

幼龄期指的是从受精卵开始到长成 5～10 厘米的小孢子体的时期。这一时期海带的叶片薄而平滑，无凹凸，无纵沟，无中带部，颜色较浅。从受精卵到形成 1～2 毫米孢子体时，海带叶片均为单层细胞，没有表皮、皮层、髓部的分化。小海带长至 1～2 毫米后，叶片尖端由一层细胞构成，叶片中部边缘也是一层细胞，但中间部则有两层细胞，叶片基部已分化出皮层细胞。此时，海带叶片基部细胞层数开始增多，逐渐形成深色的舌状部位。孢子体长至 3.5 厘米后，便开始分化出表皮和皮层；5 厘米的孢子体开始有了髓部的分化，柄与叶片之间开始分化形成生长部。10 厘米的孢子体的生长部已分化完成，可用于生产分苗（彩图 31）。

二、凹凸期

凹凸期，又称小海带期，是指海带从 5～10 厘米长到 1 米左右的时期。这一时期海带的中带部一般较为明显，从叶片基部到中带部的两侧出现凹凸，故根据这一特点将海带的这个时期称为凹凸期。海带的凹凸分为两列，纵向排列在叶片上。凹凸产生的原因主要是海带叶片细胞的分裂速度不同，即有些细胞分裂生长很快，而另一些细胞分裂很慢，从而形成凹凸不平的现象（彩图32）。凹凸期的海带长度增长较慢，凹凸的现象最先出现在叶片的基部，但随着海带叶片长度的增长，凹凸部位逐渐向梢部和中带部两侧延伸。海带凹凸的程度和凹凸期的长短与光线强弱及水质肥瘦有密切关系。在光照度适宜、营养盐丰富的肥沃海区，海带生长速度快，叶片上的凹凸可较快发展到中带部和梢部，叶片逐渐变得平直，进入下一个生长时期。在光照度过强、营养盐稀少的贫瘠海区，海带生长缓慢，叶片上的凹凸会更为明显，凹凸部分由基部向中带部和梢部发展较慢，海带将长期处于凹凸期，迟迟不进入下一个生长时期。因此，在此时期应加强养殖管理，及时调节水层和增施氮磷肥，适当促进藻体生长，使其顺利度过凹凸期。

由于海带分苗早晚和分苗时海带藻体大小均会对海带产量产生较大影响，因此，养殖生产过程中更倾向于挑选较大的海带苗进行夹苗栽培。目前，生产上海带分苗的标准长度一般在 20 厘米左右。15～30 厘米海带的生长部在距基部 3～6 厘米范围内。基于此考虑，夹苗时应注意保护海带的生长部。

三、脆嫩期

脆嫩期，又称薄嫩期（彩图33）。该时期是海带叶片长度和宽度生长最快的时期。此时期的海带已长至1米左右，藻体颜色多为淡褐黄色，基部呈楔形，叶片较薄，藻体含水量多，质地脆而嫩，极易折断，因此该时期称为脆嫩期。当海带长度达到1米左右，海带生长部和新形成的组织使叶片的厚度增加，叶片基部变为平直，两边缘叶片的波褶程度也随之减轻，而由于生长的原因，凹凸期海带叶片的凹凸部分也被逐渐推向藻体尖端，藻体变得较为平直。海带叶片长度不断增加的同时，宽度也逐渐增加，柄部变粗，固着器分支越来越发达。此时期海带叶片梢部的组织开始衰老，因此海带叶片梢部脱落的速度开始加快。但脆嫩期海带藻体生长速度也加快，且藻体生长速度大于叶梢脱落速度，海带的长度仍以较快的速度增加。一般而言，藻体越小，叶片的生长越集中在生长部，同时生长速度也越快。这个时期海带生长部一般位于藻体基部到离基部10厘米左右的部位。由于此时期的海带处于快速生长期，因此，应控制好水层，防止海带生长部受到过强光照的刺激而出现叶片卷曲等症状。

四、厚成期

厚成期是指海带长度生长基本停止，主要进行厚度增长和有机物积累的时期。这一时期养殖区海水的温度升高，海带长度生长迅速下降，特别是到厚成期的晚期，海带叶片梢部脱落速度开始大于海带叶片增长速度，海带长度明显缩短。厚成期的海带叶片宽度以及厚度基本不再增加，达到极限。海带藻体细胞中的色素明显增加，细胞光合作用加强，藻体呈现浓褐色，并开始积累大量的有机物质，藻体含水量相对减少，干重迅速增加，干鲜比逐渐提高，叶片硬厚老成，有韧性（彩图34）。人工养殖的海带一般在厚成期的

后期开始大规模收获。由于厚成期的海带光合作用加强以加速积累有机物，因此，光照度成为影响海带厚成的关键因素。一般在同一根养殖绳上，靠近海面受光好的几棵海带厚成快，而养殖绳中间的海带被遮光导致厚成慢。因此，可适当提高厚成期海带的养殖水层，增加光照度以促进海带厚成。此外，也可以采用间收的方法，先收割养殖绳两端靠近海面的厚成好的海带，改善剩余海带的受光条件，促进剩余海带的厚成，再收割剩余的海带，以达到提高海带产量和品质的目的。由于厚成期海带梢部的细胞衰老，海带梢部脱落的速度加快会导致产量下降。

五、成熟期

成熟期是指海带开始产生孢子囊群，进入繁殖的时期。这一时期养殖区海水的温度进一步升高，随着水温的增高，海带不再继续生长，叶片表面开始产生孢子囊群，海带进入成熟期（彩图 35）。有机物的积累是海带形成孢子囊群必不可少的条件。较强的光照能够促进光合作用以积累有机物。因此，在这一时期可以通过调节光照度来控制海带孢子囊群的形成。由于上方水层的光照度强于下方水层，中带部有机物积累多于叶片边缘，因此，海带叶片靠近基部产生的孢子囊群多于梢部，中带部产生的孢子囊群较为集中且远多于叶片边缘。

六、衰老期

衰老期是指海带孢子囊群放散完孢子后至藻体死亡的时期（彩图 36）。海带孢子囊群大量放散孢子以后，生理机能活力逐渐衰退，叶片表面变粗糙且藻体纤维质化，叶片颜色变为黄褐色至浅黄色，局部细胞衰老死亡。人工养殖的海带固着器和柄部出现空腔，继而空腔程度增加，逐渐腐烂，最后藻体全部死亡。在日本和俄罗斯远东海域自然繁殖的海带，夏季藻体叶片大部分脱落，仅在基部留存少量的生长点细胞，叶片长度仅残留 1～2 厘米，待冬季水温降低后，又可长出新的叶片，长成为跨三个年度的两年生海带；而在我国，养殖海带则是跨两个年度（从上一年的秋季至第二年的夏季）的一年生海带。

第五节　海带育种技术历史与良种现状

一、海带育种技术历史与发展趋势

我国虽然不是海带的原产国，但是世界上最早开展海带遗传改良、进行系统遗传育种工作的国家。20 世纪 50 年代末期，我国就率先开始了海带的遗传育种的研究，一直以来我国都是世界海带遗传育种研究工作的中心。方宗熙等人对海带叶片长度、柄长、叶片厚度等性状的数量遗传学研究，建立了海带育种基本理论与方法，通过定向选育培育出世界首例海带新品种"海青 1 号"。这种根据数量性状遗传特征建立的海带定向选择育种技术，为其后的海带育种工作者广泛采用，培育出"海青 2 号""海青 3 号""海青 4 号""860""1170""早厚成""荣海 1 号"等良种。70 年代中期，海带配子体克隆的培育以及海带单性生殖现象的发现，开辟了海带细胞工程育种新时代。以海带配子体克隆为育种材料，先后建立了单倍体育种、种间和种内杂交育种、杂种优势利用等育种技术，培育出"单海 1 号""单杂 10 号""远杂 10 号"等新品种，为我国现代海带养殖业的蓬勃发展奠定了重要的良种支撑技术。20 世纪 80 年代以来，海带遗传资源的收集与保存，尤其是国外优良种质资源的引进为海带杂交育种研究提供了丰富的亲本材料，以配子体克隆杂交创制育种素材以及直接利用杂种优势的研究不断得到突破发展。自80 年代至今，我国又培育出"901""东方 2 号""荣福""东方 3号""爱伦湾""三海""黄官""东方 6 号""东方 7 号""205"等

10 个海带新品种，使得海带栽培业成为我国海水养殖业中最早实现良种化的产业之一，提升了我国海带栽培业的生产能力与效益。

二、海带新品种生物学特性简介

"901"：种间杂交种（*Saccharina japonica* × *Saccharina logissima*）。日本长叶海带雌配子体克隆和海带"早厚成"品种雄配子体克隆杂交，经连续 5 年的自交选育获得的生长速度快的品种（彩图 37）。色泽浓褐，个体宽大，纵沟较明显，基部终身楔形，近基部 1 米处呈微弧形。叶长（624.45±49.0）厘米，叶宽（39.1±2.8）厘米，无中带部，叶厚（0.205±0.019）厘米。单棵鲜重 1.50 千克，鲜干比 7.5∶1（1994 年 6 月 13 日，烟台）。干藻的褐藻酸钠含量 31.40%，碘含量 0.34%，甘露醇含量 19.37%（1994 年 6 月 30 日，烟台）。1997 年通过全国水产原种和良种审定委员会审定，获得国家水产新品种证书。

"东方 2 号"：杂种优势利用品种（*Saccharina japonica* × *Saccharina logissima*）。将长叶海带雄配子体克隆和海带雌配子体克隆杂交育成的海带品种（彩图 38）。藻体深褐色，假根发达，柄部粗扁，基部近圆形，纵沟明显，叶片无斑点。叶片长度 458.1 厘米，叶片宽度 34.4 厘米，厚度 0.25 厘米，单棵鲜重 1.104 千克（2004 年，烟台长岛）。生长速度快，成熟期适中，产量高，具有抗强光特点。2004 年通过全国水产原种和良种审定委员会审定，获得国家水产新品种证书。

"荣福"：杂交种（*Saccharina japonica* × *Saccharina latissima*）。利用海带福建种群雌配子体克隆和"远杂 10 号"雄配子体克隆进行杂交，获得杂种 F_1，经过 6 年的选择育种，于 2003 年育成耐高温、高产品种（彩图 39）。藻体浓褐色，根系发达，柄扁平，基部圆平，藻体较宽，中带部明显。叶长（334.1±50.16）厘米，叶宽（距叶柄 30 厘米处）（42.3±4.23）厘米，叶厚 0.39 厘米，单棵鲜重（1.49±0.23）千克，鲜干比 5.3∶1，21℃下藻体形态完整（2004 年 7 月 24 日，荣成俚岛湾）。干藻的褐藻酸钠含量 30.8%，可溶性碘含量 0.288%，甘露醇含量 23.4%（2003 年 7 月，荣成俚岛湾）。经过 4 年的生产对比试验，平均每亩*增产 25%～27%（淡干品）。2004 年通过全国水产原种和良种审定委员会审定，获得国家水产新品种证书。

"东方 3 号"：杂种优势利用品种（*Saccharina japonica* × *Saccharina logissima*）。将海带改良品系雌配子体克隆和长海带与"早厚成 1 号"杂交后代雄配子体克隆杂交育成的海带品种。藻体个体宽大，厚度厚，产量高，经济效益显著。色泽深褐，无斑点，适合加工出口薄嫩菜和大板菜。抗强光，厚成期晚。2007 年通过全国水产原种和良种审定委员会审定，获得国家水产新品种证书。

"爱伦湾"：杂交选育种（*Saccharina japonica* × *Saccharina latissima*）。利用海带福建种群雄配子体克隆和"远杂 10 号"雌配子体克隆进行杂交，后进行自交（彩图 40）。自 2006 年起结合长度、宽度、鲜重、生长和脱落速度等性状指标，经连续 5 代选育获得的高产品种。经过在山东威海地区栽培测试表明，该品种具有加工率高、产量大、增产效果较明显等优点。藻体较宽，中带部明显；同对照组相比，平均亩增产可达 25% 以上；褐藻胶含量高；孢子囊发达，适于育苗生产采苗。2010 年通过全国水产原种和良种审定委员会审定，获得国家水产新品种证书。

"黄官"：自交种（福建省连江县海带养殖群体，*Saccharina japonica*）。从 2001 年开始，选择耐高温、成熟晚的个体作为亲本，以叶片肥厚、中带部宽、叶缘窄且厚、成熟晚、耐高温、出菜率高等特征为选育标准，经连续 6 代选育而成（彩图 41）。与大连、山东省当地养殖海带相比，该品种叶片平整、宽度明显增大；耐高温，生长期长，抗烂性强；产量提高 27.00% 以上；食用海带出菜率提高 20.10% 以上。适宜在福建、辽宁和山东等地海水水体

* 亩为非法定计量单位，在海带养殖中，是以 400 根养殖苗绳占用的水面面积为 1 亩，但在不同地区养殖苗绳长度不同，下同。——编者注

36

中养殖。2011年通过全国水产原种和良种审定委员会审定，获得国家水产新品种证书。

"三海"：杂交种（福建养殖海带群体♀×"荣福"海带♂）。以福建养殖海带群体（母本）与"荣福"海带（父本）杂交产生的子代为基础群体，以藻体宽度和鲜重为选育指标，经连续6代群体选育而成（彩图42）。该品种兼具了父本的叶片长、干鲜比高，以及母本的叶片宽等特点；同时，具有可明显区别于双亲的纵沟性状。与我国南方主要海带栽培品种相比，根据福建莆田、广东汕头、浙江苍南、山东荣成等海带主产区的示范性栽培结果，其平均单株鲜重增幅达11.10%以上。适宜在我国海带栽培海域养殖。2012年通过全国水产原种和良种审定委员会审定，获得国家水产新品种证书。

"东方6号"：杂种优势利用品种（韩国野生海带♀×福建养殖海带♂，*Saccharina japonica*）。以分布于韩国沿海的野生海带（*Saccharina japonica*）个体的雌配子体单克隆作为母本，以长期保存在山东烟台海带良种场种质资源库中的福建养殖海带（*Saccharina japonica*）个体的雄配子体单克隆为父本，杂交获得的F_1（彩图43）。在山东半岛主栽培区相同栽培条件下，一个生产周期内，藻体一般长3.5～4.5米，宽35～50厘米，厚0.25厘米；较耐高温和强光，生长可持续到水温17℃，较普通海带提高2℃；收获期可持续到7月底至8月初，较普通海带延长15天以上；盐渍和淡干品色泽优良，盐渍加工亩产较普通海带提高46.4%，淡干品亩产提高36.10%。适宜在我国北方沿海养殖海域养殖。2012年通过全国水产原种和良种审定委员会审定，获得国家水产新品种证书。

"东方7号"：杂交种（宽薄型海带种群♀×韩国海带地理种群♂，*Saccharina japonica*）。以我国宽薄型海带种群为母本和韩国海带地理种群为父本的杂交子代为亲本群体，以藻体宽度等适宜加工性状为选育指标，采用群体选育技术，经连续4代选育而成（彩图44）。在相同栽培条件下，与普通海带品种相比，在水温13℃左右

（约 5 月中旬）可开始收获，收获期可持续至水温 17℃左右（6 月底至 7 月初），叶片宽度提高 20％以上，淡干品产量提高 25％以上。适宜在我国辽宁和山东沿海栽培。2013 年通过全国水产原种和良种审定委员会审定，获得国家水产新品种证书。

"205"：杂交选育种（荣成栽培海带群体♀×韩国海带自然种群♂，*Saccharina japonica*）。以荣成栽培海带群体后代个体的雌配子体（母本）和韩国海带自然种群后代个体的雄配子体（父本）杂交产生的后代群体为亲本群体，以藻体深褐色、叶片宽大和孢子囊发育良好为选育指标，采用群体选育技术，经连续 4 代选育而成（彩图 45）。在相同栽培条件下，与普通海带品种相比，在水温 6℃左右（4 月上旬）可开始收获，收获期可延续至水温达到 19℃左右（7 月中下旬），产量提高 15％以上，抗高温、抗强光能力较强，淡干海带色泽墨绿。适宜在我国辽宁和山东沿海栽培。2013 年通过全国水产原种和良种审定委员会审定，获得国家水产新品种证书。

第三章
绿色健康养殖技术

海带养殖是指将海带固定到养殖海区的基质或人工设施上进行养殖生产的活动。养殖技术和养殖海区的好坏直接影响海带的品质和产量。

20 世纪 30—50 年代，我国的海带养殖主要是利用天然生长基质进行增殖，相应的养殖方法包括采孢子投石法、绑苗或绑种藻投石法。但在海带养殖业的发展过程中，人们逐渐认识到天然生长基质本身存在弱点，如过于笨重、移动不便、固定在一个水层不能更好地接受光照等。更重要的是生长基质限制了养殖技术的革新，不能迅速地提高产量。因此，采用人工生长基质养殖海藻便逐渐发展起来，并逐渐代替了天然生长基质。

1943 年，在山东省烟台市芝罘湾内开始筏式养殖试验。该试验是在竹帘上附着海带孢子以后，架设浮缆，使竹帘悬浮在水中，进行海带养殖。1949 年，人工采苗的筏式养殖试验获得成功并获得大量幼苗，1952 年收获鲜海带 62.2 吨。该试验的成功，使人们摆脱了自然条件对海带生产的限制，为海带养殖打开了新的局面。海带养殖从自然增殖阶段进入人工养殖阶段，实现了从量到质的跨越。

筏式养殖技术是我国养殖海带过程中的创造发明，是目前最成熟和效率最高的海藻养殖方式。该养殖方式主要是用浮缆悬挂苗绳在海水中进行养殖。该技术便于人工操作控制，能充分利用各种水域，可以不断地扩大养殖生产面积。筏式养殖的特点是：海带悬浮在水中生长，可以任意调节水层，使光照度更适合海带的光合作用，使海带更好地生长，大大提高了单位面积的产量；浮筏可以在各种海区设置，突破了海区条件，如深度、透明度、波浪、潮汐等对海带生长的限制，大大地扩大了生产面积。海带筏式养殖满足了海带生长条件，使一年幼苗当年养成商品海带（将海带生活周期由2年缩短为1年），极大地推动了我国海带养殖产业的发展，养殖产量有了显著的增长。尤其是在海带栽培管理方面，更注重管理细节，有利于整体养殖效益的发挥。例如，海带分苗工作由一次分苗转变为多次分苗、分大苗和外海暂养的方式，加快幼苗早期生长；海上养成由最初的平养而后发展出了"垂养""一条龙"等养成法等，提高了整个海带苗绳的受光率；利用海带生长点在基部的特点，进行切尖收获，增加产量；通过合理密植、倒置苗绳等措施，促进海带整体生长，增加单位产量。

筏式养殖技术是一种立体利用养殖海域进行海带栽培的方法，同时可利用海带筏架开展以2层、3层、"3＋1"层等多营养层次综合养殖模式，以达到多种养殖品种合理搭配，实现对自然环境养分、能量、空间利用率的最大化，是一种绿色健康养殖方式，也是我国现阶段海带养殖的主要形式。

第一节 养殖环境

勘察并选定海区是筏式养殖的第一步，也是重要的一项工作。自然环境条件是海带栽培生产中的关键要素。在环境条件优良的养殖海区更容易获得高产。因此，根据不同的自然条件来划分海带栽培养殖区（彩图46）的不同类型，便于科学管理以及先进养殖技术措施的实施，也可为生产实践提供有效的依据。

根据历史资料和各海区海带生产情况，可把海带栽培海区划分为三种类型。①一类海区：在大汛潮期的最大流速可达30～50米/分，低潮时水深在20米以上，不受沿岸流影响；透明度比较稳定，在一个季节内变化幅度在1～3米；含氮量一般保持在20毫克/米³以上，亩产量为当地最高；底质为泥底或泥沙混合。②二类海区：大汛潮期最大流速在 10～30 米/分，低潮时水深在 10～20 米；一个季节中透明度变化范围在 1～5 米，受沿岸水流的影响较大；养殖期间含氮量一般保持在 5～10 毫克/米^3，亩产量居当地的中等水平。③三类海区：流速比较小，在大汛潮期不设筏子的最大流速在 10 米/分以下；设筏子后，流速只有 2～5 米/分。低潮时水深在 10 米以下。透明度变化范围在 0～5 米甚至更大，有风浪时海水特别浑，风后或无浪时的海水清澈，有时可见底；有的常年浑浊，称为浑水区；受大小潮的影响很大，大汛潮海水较浑，小汛潮海水较清。含氮量一般在 5 毫克/米^3 以下，属于低产海区。

在熟悉海区自然环境条件的基础上，对不同类型的海区因地制宜地采取相应的管理方式和技术措施，充分发挥其自然优势，才能获得较高的经济效益。①水深、流大、浪大的一类海区：首先要做好安全工作，在保证安全的基础上，最好采用顺流设筏大平养的方法，以保证海带叶片均匀、充分受光，发挥个体生长潜力。②流、浪较小的二类海区：在外区适合顺流设筏大平养；在内区适合横流设筏，采用先垂后斜平养殖为好。若进行贝藻间养，可提高经济效益。③水流较缓的三类海区：适合贝藻间养，顺流和横流设筏均可。外区适合"绳贝藻间养"，内区适合"区贝藻间养"，从而利于调节流水。因此，在勘察并选定海区时应将底质、水质、水深、水流、透明度和营养盐作为主要标准。

一、底质

海区底质以平坦的泥底和泥沙底最好，较硬的沙底次之，稀泥底也可以，但凹凸不平的岩礁海便不适合设置筏架。在泥沙底的海区，可打桩固定筏架；对于过硬的沙底，可采用石砣、铁锚等来固定筏架。对海带养殖海区的底质进行勘测时，可采用铅锤投探海底的方式开展浅海区勘测，采用潜水调查的方式开展深海区勘测。

二、水质

海带养成应选择没有被工业"三废"及农业、城镇生活、医疗废弃物污染的生态环境良好的水域。养殖区域内及上风向没有对养殖环境构成威胁的污染源。养殖水体在感官上不得有异色、异臭、异味，水面不得出现明显油膜或浮沫状漂浮物质，不得有人为增加的悬浮物质。海带养殖海区的水质需符合《渔业水质标准》（GB 11607—1989）和《无公害食品　海水养殖用水水质》（NY 5052—2001）规定的养殖水质标准。虽然海带等海洋藻类比海洋动物的抗污能力强，但海带的富集能力较强，富集了污染物的海带便不能用于食品加工。此外，在河口或生活用水排放口附近有大量淡水注入的海区，海水密度变化频繁、变化幅度较大，也不太适宜海带养殖。

三、水深

海带养殖海区对水深的要求一般与养殖方式有一定的关系。筏式养殖海带海区的水深一般要在 10～20 米，且冬季大干潮时能保持 5 米以上。水深低于 5 米的浅水区，在有风浪的情况下，海底的泥沙和生物容易被海浪翻起，使得海水变得浑浊，透明度变差；在无风浪的情况下，透明度迅速变大，海水温度浮动范围加大，不利于海带的生长。因此，水深低于 5 米的浅水区不适合开展海带的养殖。

四、海流

海带养殖海区的海流是影响海带生长和保证养殖设施安全的重要因素。一般海水的流速较大而风浪较小的海区，最适合海带养殖，最好是往复流的海区。这样理想的海区是比较少的，尤其是水深流大的外海区，一般风浪都比较大，但只要做好安全工作，浪大的外海也是很好的养殖海区。养殖海区的海流通畅，即使是营养较为贫瘠的海区，在海流的帮助下，海区的物质能够很好地交换，便可以在一定程度上弥补营养盐的不足。

在选择海带养殖海区时，要特别重视对冷水团和上升流的利用。有冷水团控制的海区，海水温度比较稳定，在冬季温度不会太低，而在春季又能控制水温的缓慢回升，在夏季海水温度也不会太高；同时冷水团的营养盐的含量比较高，有利于海带的生长。上升流能不停地将海底营养盐带到表层来，同时有上升流的海区，透明度也比较稳定，有利于海带的生长。

此外，海水的流向与筏子的设置关系十分密切，顺流筏要求筏子设置的方向与流向一致，横流筏则要求做到真正横流。这不但有利于安全生产，而且对海带的受光、防止相互之间的缠绕都是有利的。设置筏架的数量要根据水流大小来计划。流缓的海区，要多留航道，以保证潮流畅通。因此，在选定养殖海区时，要求用海流计准确地测出该海区的流向、流速，为养殖生产提供依据。

五、透明度

光合作用是海带生长和物质积累的保障，水色澄清、透明度较大且变化不大的海区有利于海带进行光合作用。海水的透明度保持在2～4米的海区对海带的养殖最好。在海水较浑浊、透明度不到1米的海区，可以采用短苗绳浅挂平养。

透明度的大小关系到不同水深光能量的多少。从理论上来说，透明度越大，光进入海水的深度也越大，用以养殖海带的水层越深。但在海带养殖的生产实践中，不仅要考虑海区透明度的大小，还要考虑透明度的相对稳定。透明度小，水浑，但只要稳定就比较理想。例如，我国的浙江象山港和大部分福建省沿海海区都属于低透明度海区，采用短苗绳浅挂平养，同样可以保证海带得到充足的光照。透明度大、水清而稳定的海区，可以采用长苗绳深挂养殖，也不致使海带受到强光刺激。而透明度不稳定、忽高忽低、变化幅度很大的海区，无法掌握适宜海带受光的水层，最易发生因光线过强而抑制海带生长的现象，甚至产生病害的情况。海带养殖在近岸海区，环境条件变化很大，透明度极易发生变化。因此，掌握海水透明度的变化规律，可以对生产实践进行有意义的指导。

六、营养盐

海水中营养盐的含量，尤其是氮和磷的含量，对海带的生长发育有很大的影响。因此，在选择养殖海区时，要调查清楚该海区的自然肥的含量及其变化规律，为合理施肥提供可靠的依据。根据海带日生长速度对氮肥的需要计算，海水中总无机氮含量在 100 毫克/米^3 以上，才能满足海带正常生长的需要。在生产实践中，根据海区营养盐含量的多少，可将养殖海区分为肥区、中肥区和贫区。NO_3^--N 和 NH_4^+-N 总量在 200 毫克/米^3 以上的海区为肥区，养殖海带时不需要施肥；NO_3^--N 和 NH_4^+-N 总量在 50～100 毫克/米^3 的海区为中肥区，养殖海带时应适当施肥；NO_3^--N 和 NH_4^+-N 总量在 50 毫克/米^3 以下的海区为贫区，养殖海带时应施肥。

海水的营养盐含量多少除了可通过化学分析的方法确定，也可以根据自然生长的紫菜、浒苔、石莼等藻类的生长情况来判断。凡是浒苔等绿藻呈深绿色，海带、裙带菜等褐藻呈深褐色，紫菜等红藻呈深紫褐色的，说明该海区是营养盐含量较高的肥沃海区；如果绿藻呈淡黄绿色，海带呈黄绿色，紫菜呈黄绿色，则说明海区的营养盐含量较低，属于较贫瘠的海区。

第二节　养殖设施

养殖设施主要包括养殖筏及其构造组件、养殖船等。

养殖筏是一种设置在一定海区，并维持在一定水层的浮架。

我国开创筏式养殖以来，在发展过程中，曾发展出不同类型的养殖筏。养殖筏基本分为单式筏（又称大单架）和双式筏（又称大双架）两大类。有的地区又因地制宜改进为方框筏、长方框筏等。经过长期生产实践证明，单式筏子比较好，每台是独立设置的，受风流的冲击力较小，抗风流能力较强，因而比较牢固、安全，特别适用于风浪较大的海区。单式筏子是我国目前海带养殖应用的主要类型。

一、养殖筏的类型与结构

单式筏由 1 条浮缏、2 条桩缆、2 个木桩（石砣）和若干个浮球组成（图 3-1）。

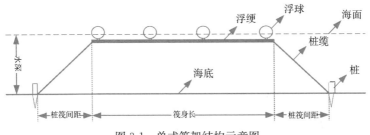

图 3-1　单式筏架结构示意图

浮缏借助浮球的浮力以及桩绳的拉力漂浮于水面，用于悬挂苗绳。浮缏的长度就是筏身长。筏身的长短与生产安全有关。要因地制宜，一般净长 60～80 米。桩缆和木桩是用以固定筏身的。桩缆一头与浮缏相联结，一头系在木桩上。水深是指满潮时从海平面到海底的高度。桩筏间距是指从桩到同一端筏身顶端的距离。

二、养殖筏的主要器材及其规格

（一）浮缏和桩缆

聚乙烯绳是理想的浮缏和桩缆材料（图 3-2），价格较为便宜，且抗腐蚀、拉力大，一般可用 8～10 年，而且操作方便。浮绠和桩缆直径大小可根据海区风浪和水流速度大小而定。一般在风浪大的海区直径应为 2.2～2.4 厘米，风浪小的海区直径为 1.8～2.0 厘米即可。

图 3-2　制作浮绠和桩缆的聚乙烯绳

（二）浮子

海带筏式养殖早期曾采用玻璃浮球、毛竹筒等作为浮子。目前，主要是使用塑料浮球，南方地区生产中仍主要使用泡沫浮子，但容易破碎造成污染，且浮力较小。建议采用聚乙烯材质的塑料浮球（图 3-3）。目前，福建省已准备开展大规模的聚乙烯塑料浮球更替工作。

通常使用的浮球直径为 28 厘米，重量为 1.6 千克。塑料浮球设有两个耳孔，以备穿绳索绑在浮绠上。塑料浮球比较坚固、耐用，自身重量小，浮力大。塑料浮球与聚乙烯浮绠配合使用，大大提高了海带养殖生产的安全系数。

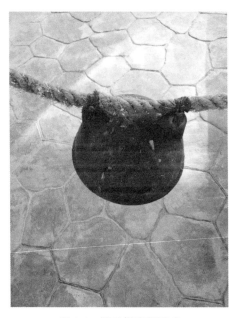

图 3-3 聚乙烯塑料浮球

（三）桩或石砣

桩可以采用不同的材质，包括木材、毛竹。目前，北方地区主要采用木桩（图 3-4），南方除用木桩外，还因地取材使用竹桩。木桩适用于任何能打桩的海区，而竹桩只适用于软泥底的海区。桩打深、打牢，才能固定养殖筏架，避免拔桩，并且保持筏架平稳。风浪大、流大、底质松软的海区，桩身应长且直径粗；反之，则可短些、细些。在一般海区，木桩的长度应在 100 厘米以上，直径 20 厘米左右。竹桩的长度视海底软泥的深度而定，海底软泥深度达 1 米者，竹桩长度应在 2 米以上；软泥深达 2 米者，竹桩长度应在 3 米以上。

在不能打桩的海区，可采取下石砣的办法来固定筏架。石砣的大小要根据养殖区的风浪潮流的大小而定，一般为 2 000～3 000 千

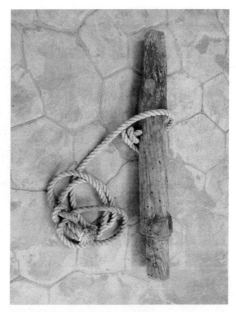

图 3-4　木桩

克。形状以方形为宜，其厚度相对略薄，以使重心降低，从而增加固定力量。一般使用的石砣，其高度为长度的 1/5～1/3。石砣顶面安置有比较粗的铁环或钢环，环的直径一般在 20～30 厘米，用于系住桩绳。

(四) 吊绳

　　吊绳是将养殖绳或苗绳绑缚在浮绠的聚乙烯细绳，一般直径为 0.5～0.7 厘米 (图 3-5)。通过吊绳，将养殖绳或苗绳挂在两行筏子相对称的两根浮绠上。将吊绳从浮绠的中心穿过，再拴扣固定；将养殖绳或苗绳一端打结后，再将吊绳拴扣系牢。吊绳主要是将海带苗绳或养殖绳悬挂在海水中一定的水层中，避免海带生长受到强光伤害，同时也保证了海带生长所需的光照。吊绳的长度主要根据养殖海区透明度决定，透明度高的北方海区吊绳应长一些，一般为 43 厘米；而透明度低的南方海区吊绳则较短，一般为 20 厘米。在养殖过程中，根据海带不同生长时期对光的需求，及时调节吊绳长度来促进海带生长。

图 3-5　吊绳

三、养殖筏的设置

（一）海区布局

海带养殖的海区要合理布局，既要充分利用海区，又要考虑到间距，使海带处于适宜的环境，保证海带充分地发挥个体和群体的生长潜力，达到优质和高产的目的。因此，筏子设施不要过于集中，要留出足够的航道。区间距离和筏间距离保证不阻流，有一定的流水条件。同一个海区内应有统一的规划，合理布局（彩图47）。

筏架的设置应视海区的特点而定，必须把筏架安全放在首位，

49

避免倒筏，其次是有利于海带的生长，并考虑到管理操作方便、整齐美观。通常情况下，可以将30～40台筏架划分为一个区，区与区间呈"田"字形排列，区间要留出足够的航道。区间距离以6～8米为宜。在同时开展贝类养殖的海区，可将海带养殖区与贝类养殖区相间排列开来，这样可以减少一个养殖对象在一定区域内的相对密度，从而改善其生活环境条件，同时又能利用动植物间的互利因素，促进贝藻共同生长。

筏架设置方向不但关系到筏架的安全，而且关系到养殖方法与海带的受光情况。应充分结合海域环境条件，综合考虑风和流对筏架安全的影响，并尽量使海带得到充分的光照和良好的水流。

养殖海区仍然属于靠近海岸的海区，除少数海区风向与流向一致外，绝大多数海区的风向与流向成一定的角度。因此，在考虑筏架设置方向时，风和流都要考虑，但二者往往有一个为主。如果风是主要破坏因素，则可顺风设筏；如果流是主要破坏因素，则可以顺流下筏；如果风和流的威胁都较大，则应着重解决潮流的威胁，使筏架主要偏顺流方向设置。当前推广的顺流筏养殖法，必须使筏向与流向平行，尽量做到顺流。

在流大水深的外海海区设置筏架时，可同时采取横流和顺流相结合的方式设置筏架，在外部设置横流筏架，以尽量阻隔过大的海流，内部设置顺流筏架，保持水流通畅。尽管外部横流筏架养殖的海带会因海流冲击而减产，但内部顺流筏架养殖海带的产量可以弥补这一损失。

筏向也决定了吊绳、养殖绳、海带能否避免缠绕的问题。尤其在风向与流向互相垂直的海区，筏架应横流设置；在风向与流向相同的海区，筏架应偏风偏流设置。

（二）打桩或下石砣

手工打桩操作比较劳累，且效率较低，但适于底质较硬的海区。目前，主要是采取机械打桩的方法，就是用机械将头杆上下提动，把桩打入海底。打桩前应先用4条绳子在选定的海区拉上两条水线，以便能按照水线上的尺寸将桩整齐地打入海底。水线的长度应是一个养殖区的长度，两条水线之间的距离应是一台筏子的两个桩筏间距，而桩筏间距可根据水深和桩缆长度求出。水线作为打桩的标记，将水线下好后应用力拉紧。打桩可用两只舢板并联成双体船，两船之间距离为 40~50 厘米。

打桩前，先在水线两侧相距约 100 米处，各下两根摊缆，下端用大锚固定。打桩时，打桩船位于水线上，把水线夹在两船中间，在水线上找到第一个木桩的位置，然后利用摊缆调整好船位，使劲拽紧，然后左右固定好，风平浪静、流又不大时，只用水线绳固定船位就行了。船位固定后，用力打桩，使桩埋入海底。一般软泥底应打入泥下 3 米以上，硬泥底可适当浅一些。如此反复将全部桩打入海底。把桩缆的上端拴在水线绳上，或者用联绳彼此按筏间距离结在一起，以便于下筏架。

下石砣比较简单，在船上用调杆或吊机钩住石砣的缆绳，根据水线上的标记，慢慢将石砣沉下海底。

(三) 布设筏架

木桩打好或石砣下好后，就可以布设浮筏。打桩或下石砣时，桩缆或砣缆需要绑在桩或砣上，并在其上端系上浮球。下筏时，先将数台或数十台筏子装在舢板上，将船摇到养殖区内，顺着风流的方向开始将第一台筏子推入海中，然后将筏子浮缆的一端与系有浮球的桩缆或砣缆接在一起，另一端与另一根桩缆或者砣缆用相同的绳扣接起来。这样一行行地布设后，再将松紧不齐的筏架通过调整桩缆或砣缆长度整理好，使整行筏架的松紧一致，筏间距离一致。

1. 桩缆长度的设置

桩缆长度直接决定桩缆与海底交角的大小和抗风能力的强弱。桩缆越长，则桩的固定能力越强，筏架越安全。如果桩缆过短，一方面容易产生拔桩现象，另一方面在满潮时筏子两头就会承受较大的压力，往往出现海带被压下水底、受光不好，造成海带不能正常生长。桩缆也不宜过长，以免造成器材的浪费。通常情况下，一般海区的桩缆长度采取与满潮水深成 2∶1 的比例较为适宜，即满潮时水深为 10 米，则桩缆长度应为 20 米，桩缆与海底约呈 30°的夹角，桩与筏身的距离约为水深的 1.75 倍。流、浪较小的内湾海区，桩缆的长度可采取与水深成 1.5∶1 的比例。流、浪较大的海区或养殖区边缘，筏架的桩缆长度可采用与水深呈 3∶1 的比例（表 3-1）。

表 3-1　桩缆长度、桩筏间距与水深对照表

（引自《海藻养殖学》）

满潮期水深（米）	桩缆长为水深 1.5 倍		桩缆长为水深 2 倍		桩缆长为水深 3 倍	
	桩缆长（米）	桩筏间距（米）	桩缆长（米）	桩筏间距（米）	桩缆长（米）	桩筏间距（米）
2	3	2.3	4.0	3.5	6.0	5.7
3	4.5	3.4	6.0	5.2	9.0	8.5
4	6.5	4.5	8.0	7.0	12.0	11.3
5	7.5	5.6	10.0	8.7	15.0	14.0
10	15.0	11.2	20.0	17.5	30.0	28.3
15	22.5	17.0	30.0	26.0	45.0	42.5
20	30.0	22.5	40.0	34.5	60.0	56.5

2. 筏架长度

筏架的长短决定筏身负荷和断面受力的大小。筏身越长，断面受力越大，越不安全。因此，筏身长度应根据各海区风浪大小、流水急缓和缯绳强度来确定。风、浪、流都大的海区，筏身要短些，以 40～60 米为宜；风、浪、流适中的海区，筏身可加长到 60～80米；风、浪、流都较小的海区，筏身可加长到 80～100 米。在同一个海区，外区与内区的筏身长度也应不同，外区短而内区长。

3. 筏架平整

同样长度的筏架，缯绳的松紧不同，其断面受力有显著差别。

筏架越紧，断面受力越大，在大风浪中筏身没有随波浪起伏的余地，而易遭破坏。筏架应适当松弛，绠绳长度让出波浪的跳跃幅度，使筏身能随波浪自由跳跃，因而不易拔桩、断绠。但如果筏架过于松弛，则会因海流作用出现聚集、推挤。

4. 筏架浮力调节

筏架的漂浮程度由浮球来进行调节。浮球多，浮力大，筏架的浮力强，阻风挡流就重，尤其在筏架设置过紧的情况下，遇到大风浪，筏架容易受损。如果筏架设置相对松弛，浮球数量又适中，即使在大风大流的时候，筏架也可以随流水和风浪起伏，避开浪头的冲击。一般以浮球在平流时露出水面一半为宜。但对透明度较小的海区，或叶片浮泥较多的海区，浮球要适当增加，否则会影响海带受光或造成筏架下沉。

四、养殖器材的用量和规格

养殖1亩海带，按照4台筏子，每台100根苗绳（绳长2.5米）计算，每400根苗绳为1亩（表3-2）。

表 3-2　海带养殖器材数量和规格（以1亩计算）

名称	规格	单位	数量	备注
木桩	杂木，细头直径15厘米以上，长100～150厘米	支	8	
浮绠	聚乙烯绳，直径20～22厘米，长35米	根	4	
桩绳	聚乙烯绳，直径20～22厘米，长20米以上	根	8	
吊绳	聚乙烯绳，直径0.5～0.7厘米，长20～43厘米	千克	8	以水深10米计算
浮子	聚乙烯材质的塑料浮球直径28厘米，重1.6千克	个	150	
苗绳	聚乙烯绳，直径2.0厘米，长2.5米	千克	120～200	
养殖船（舢板）	每30～50亩1条	条	1	

第三节　养殖技术

一、苗种质量

苗种是养殖的基础。海带苗种的好坏直接关系到养成海带的产量和品质。养殖所使用的海带苗种符合《海带养殖夏苗苗种》（GB/T 15807—2008）的要求。健壮的商品苗应藻体健壮、叶片舒展、色泽光亮、有韧性（彩图 48）；苗帘无空白段、杂藻少；海带苗附着均匀、牢固；苗种规格与密度、脱苗率与缺苗率等指标如表3-3 和表 3-4 所示。但从目前生产情况来看，多数出库的海带苗种规格达到了 2 厘米及以上。通常北方地区采用的棕帘，每帘苗种数量可达到 5 万株；南方地区采用维尼纶帘，每帘苗种数量可达到 3 万株。

表3-3　北方海带苗种出库标准与等级

基质类别	等级	苗种密度（株/厘米）		脱苗率（%）	缺苗率（%）
		体长>1.3厘米	体长>0.2厘米		
棕帘	一类	>16	>80	<5	<1
	二类	>12	>60	<5	<2
	三类	>8	>40	<5	<3

表3-4　南方海带苗种出库标准与等级

基质类别	等级	苗种密度（株/厘米）		脱苗率（%）	缺苗率（%）
		体长>0.7厘米	体长>0.2厘米		
维尼纶帘	一类	>16	>60	<5	<1
	二类	>12	>45	<5	<2
	三类	>8	>30	<5	<3

二、苗种运输

由于海带苗种是在低温育苗室养成，因此，海带苗种的运输又叫作苗种出库，其操作主要包括移出苗帘、低温海水冲洗、装入泡沫箱和运输四个环节。海带苗种不耐受高温和干燥，因此，海带苗的运输最好采用湿运的方式进行。此外，苗种规格大小也影响到运输的质量。苗种规格过大，一方面会导致运输成本的增加，另一方面易导致叶片粘连而出现绿烂。因此，通常情况下，2～3厘米长的苗种更便于长时间运输。

海带出库前，应打开排水口，排出部分育苗水。将单张苗帘在育苗水中涮洗和拍击2～3次，去除杂藻和杂质，然后叠放在育苗池边缘。在育苗室内的低温环境中，用4～6℃低温海水的高压水枪反复冲洗苗帘，或者将苗帘取下后在育苗池的低温海水中涮洗，使其附生的杂藻脱落并起到给苗帘降温的作用。

海带苗种运输期间，通常会因为泡沫箱内温度升高导致水的蒸发并在叶片凝结引起组织坏死变绿，在运输前处理中一定注意保持箱内低温并沥干苗帘水分，也可铺放拧干水分的湿毛巾用于吸潮。海带生长点在靠近柄部的叶片基部，叶尖略有绿烂并不会导致藻体的死亡。将冲洗后的苗帘甩干表面的水分（彩图49），可用拧干水分的湿毛巾包裹冰袋或冰瓶，使其保持低温；用封口带密封箱口，减少空气交换以保持箱内温度。棕帘对折后放入泡沫箱（彩图50），每箱放6～10帘；将维尼纶苗帘摆放在泡沫箱中，每箱可放置维尼纶帘20帘。10小时以内的短途运输，可盖上棉被等保温材料，用车辆将泡沫箱运至养殖场，或进行航空运输。如泡沫箱内部加冰袋，运输期可延长至24小时左右。普通车辆运输期间，应在泡沫箱外部铺盖遮阳布，避免日晒；或者用冷藏车运输（彩图51至53）。

三、下海暂养

海带下海暂养，是将出库的海带苗种放到适合的海区环境中，让其适应自然环境条件，并在适宜的条件下迅速生长的过程。暂养的好坏不仅影响到幼苗的健康和出苗率，也直接影响到分苗的进度。经过 20～30 天的暂养，海带苗的长度达到 20 厘米左右后便可以进行单棵夹苗（称为分苗）。

（一）暂养海区条件

进行海带出库苗种暂养，要选择风浪小、水流通畅、浮泥和杂藻少、水质比较肥沃的安全海区，通常选择内湾海区。在水流通畅的海区，幼苗受光均匀，容易吸收到新鲜的营养盐并排出代谢废物；水流不通畅的海区，海带苗种上附着的浮泥、杂藻较多，不仅影响到幼苗的光合作用，也与幼苗争夺营养盐。

（二）暂养操作

1. 拆帘

海带苗种下海后，随着幼苗的长大，育苗帘上很快出现过于密集而相互遮光的现象，从而影响到幼苗的均匀生长和出苗率。因此下海后要尽快拆帘，即将苗种绳从育苗器框架结构上解开，并将苗种绳截成几段。若遇到恶劣的天气情况或其他特殊情况无法及时拆帘，可将苗帘系上坠石吊养在暂养海区。待条件适宜时，及时拆帘。

2. 幼苗养殖

幼苗养殖主要有两种方式——垂养和平养。垂养是将苗绳截成50 厘米的一段，在一端系上坠石，在另一端系上聚乙烯绳作为吊绳并拴在同一根养殖缏绳上；平养是将截成一定长度的苗绳（通常是6～8 米），用聚乙烯吊绳分别系在两根水平的养殖缏绳上，或者是系在养殖网箱的两侧。北方地区的海带幼苗养殖有垂养和平养两种方式，而南方地区因海水透明度较低，通常采用平养的方式。

海带苗种的养殖操作主要是包括调节水层、施肥、涮洗等操作。

（1）调节水层　在北方海区，因为海水透明度一般在 2 米左右，因此，需要调节水层。而在南方海区，因透明度不超过 1 米，则很少进行调节水层的操作。

初下海及初拆帘时，水层略放深些为宜。这是因为幼苗在室内受光较弱，需要一段适应期；幼苗在帘上密集生长时相互遮光，拆帘疏散后也需要一段适应期。但随着幼苗逐渐适应环境，开始生长，对光的要求也逐渐增加，而这时水温与光照度又逐渐下降，所以应逐渐提升水层，促进小苗生长，至分苗前可使小苗处在较浅的水层。

幼苗下海后马上调节水层，使之处在适宜的深度，一般为透明度的 1/3～1/2。透明度偏低的海区，初挂水层可在 30～50 厘米，7 天内逐渐提升到 20～30 厘米；透明度偏高的海区，初挂水层可在 50 厘米左右，而后逐渐提升到 20 厘米左右。

纵向的浮缏上，每隔 20 厘米，拴有一根 20～40 厘米长的聚乙烯细绳（即吊绳），通过调整吊绳的长度来调节海带苗的暂养水层深度。将苗绳的两端系在吊绳上，绳的下面系上坠石，确保苗绳能稳定在一定的水层。每根吊绳间隔 20 厘米，可保证苗绳在风浪中不会互相碰撞、缠绕。

（2）施肥　在贫瘠海区暂养幼苗，施肥是十分重要的环节。幼苗期苗小，需肥量不大，但要求较高的氮肥浓度。氮肥充足，幼苗生长快，色浓，可以达到提前分苗的目的。

暂养阶段的施肥量应不少于养殖海带总施肥量的 20%，以挂袋法为主。即每个塑料袋装尿素（或硝酸铵）0.15 千克，用针扎两个孔，绑在苗绳上，然后沉到水中。挂袋时应注意尽量使袋接近幼苗，少装、勤换或采取浸肥的方法，以利于充分发挥肥效。

（3）涮洗　幼苗下海后，应及时进行涮洗，以清除浮泥和杂藻，促使幼苗生长。一般来说，下海后的前 10 天管理比较重要；幼苗越小越要勤洗；当幼苗长到 2～3 厘米时，可以适当减少涮洗次数；当幼苗长到 5 厘米以上时，可酌情停止涮洗。

（4）清除敌害　当幼苗下海后，海区有很多动物性敌害如麦秆虫、钩虾等，它们以海带幼苗为食。特别是刚下海的幼苗，由于个体小，受到的危害更大。生产上常用 1/300（质量比）的尿素水，结合浸肥以清除育苗绳上的敌害。

四、分苗

培育在育苗基质上的幼苗，从室内移到海上，虽然其生活环境条件得到了很大的改善，但随着藻体的迅速生长，在这种高密度的情况下，光照条件远远不能满足其生长的需要。其他方面，如流水、营养盐等也同样不能满足，势必导致幼苗生长的缓慢、停止和病烂的发生。因此，当幼苗长到一定大小时，就必须及时将其疏散开来，也就是要及时分苗，这样才能使海带得到较好的生活条件，继续保持较快的生长速度。

海带分苗时间对于海带增产具有重要的意义，生产中一直有着"早分苗、分大苗"的操作习惯和经验。生产实践证明，分苗时的幼苗越长越好。在同一个时期、用同样的处理方法、放养在同一海区，分苗时苗体大的要比苗体小的生长得好得多。海带幼苗一旦达到分苗标准，就要及时地把大苗剔下来，把小苗留下让其再生长一段时间。这样做会让小苗迅速生长起来，真正达到早分苗、分大苗的目的。

（一）分苗时间

北方的辽宁省和山东省沿海的海带夏苗一般是 10 月中下旬出库，经过半个月左右时间的暂养，就会有一批幼苗达到分苗标准，在 10 月底到 11 月上旬就可以开始分苗。在苗源充足的情况下，30 天左右的时间就能完成分苗工作。南方的浙江省和福建省海区由于自然水温下降得晚，因而出库的时间比北方要晚半个月到 1 个月，

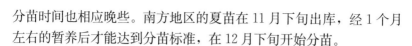

分苗时间也相应晚些。南方地区的夏苗在 11 月下旬出库，经 1 个月左右的暂养后才能达到分苗标准，在 12 月下旬开始分苗。

（二）分苗的幼苗大小

幼苗下海后应及时将符合分苗标准的苗剔除下来进行分苗，这样可以促进小苗的生长，提高苗的利用率。当幼苗长到 10 厘米以上时，就可以分苗了。分苗时幼苗规格以 12～15 厘米为宜，这种规格大小的幼苗已经有了一定的柄部长度，在夹苗时可以夹住其柄部，而不损伤其生长部。太小的苗因柄部很短，夹苗时往往夹及生长部，从而影响幼苗的生长。另外，幼苗长到 12 厘米以上时，假根也有了一定的大小，夹苗后能减少掉苗。

海带苗种的分苗通常可进行 1～2 次，而在浙江部分地区，因考虑到节约苗种的需要，可分苗多达 6 次以上。不同批次分苗时，幼苗的大小必须随分苗期早晚而有所不同。分苗早的幼苗可略小些，10～12 厘米即可；中期分苗时，一般应在 15 厘米以上；而后期分苗的幼苗则应更大些，一般应在 20 厘米以上。

（三）分苗操作

海带分苗操作具体包括剔苗、运苗、夹苗和挂苗。

1. 剔苗

剔苗就是将附苗器上生长到符合分苗标准的幼苗剥离下来，以进行夹苗。剔苗时，一手将苗绳提起绷紧，另一只手把住幼苗藻体上部 1/3 的地方，然后顺着一个方向，均匀地用力将苗拔下来。也有的地方用竹刀刮苗，这种方法效率比较高，但不管大苗还是小苗都会被刮下来，同时也易折断幼苗。

剔苗过程中应把大苗及时剥下来，同时保证留下足够的小苗继续生长，因此剔苗决定了幼苗的利用率，也关系到分苗速度。剔苗操作（彩图 53）应注意以下几点。

（1）剔苗时不得损坏幼苗的假根。

（2）在剔苗过程中，要尽量缩短幼苗的离水时间，或不离水剔苗。

（3）剔苗动作要快，不要使幼苗在手中把握的时间过长，以防体温损伤幼苗。

（4）做到勤剔、少剔，就是一次剔苗时，在一处苗绳上不要剔得太多，要勤剔苗，提高幼苗利用率。

（5）当天分多少苗就剔多少苗，尽量做到当天剔的苗当天夹上，当天挂到海上，避免幼苗受伤造成生产损失。

2. 运苗

剔好的苗要及时运到陆地上，以便减轻对苗的伤害，并便于及时夹苗。运苗要注意以下几点。

（1）装苗筐要用海水浸泡和浇湿，以保持一定的湿度。

（2）每筐装苗量不能太多，以防互相挤压以及发热。

（3）运输中要用草席、布帘或塑料布将苗盖好，以免日晒风吹；如海上运输时间较长，应经常浇海水保湿。

（4）应及时运输，减少苗离水时间，勤剔勤运。

3. 夹苗

夹苗是将幼苗单株按一定密度要求夹到苗绳上的操作（彩图54）。目前夹苗工作仍然是通过手工操作完成的，因此工作量大，是需要人力多而又抢时间的工作。快速夹苗是争取早分苗、早分完苗的关键之一。早期，海带夹苗有单夹法和簇夹法两种操作方式，但目前都统一采用单夹法。

南方和北方夹苗的密度不同，主要是由养殖海区环境（透明度、温度等）以及养殖周期长短所决定。南方海区由于透明度低、初夏水温提升速度快、养殖周期短等原因，海带长度和宽度都较小，因此可通过提高夹苗密度来增加单位养殖面积的数量，从而提高产量。在浙江省、福建省和广东省沿海，主要是采用间距3～5厘米的单夹法；而山东普遍用间距8～10厘米的单夹法。

夹苗操作中要注意以下事项。

（1）夹苗前，需先将养殖绳在海水中进行浸泡洗刷，一方面可使养殖绳清洁，另一方面湿润的养殖绳对于夹在其上的幼苗能起到一些湿润作用，不损伤幼苗的柄和假根。

（2）幼苗的柄部必须夹于养殖绳的中心处。夹苗过浅将导致掉苗现象，过深则易损伤生长部而导致苗种死亡。

（3）夹于同一根养殖绳上的幼苗大小应保持基本相同，不可相差太大。

（4）每绳的夹苗密度应严格掌握，过密和过疏都会导致减产。

（5）夹苗操作中应尽量避免或者缩短幼苗在冷空气中的暴露时间。冷空气对离水的幼苗伤害很大，严重时会立即被冻坏变绿，轻微时虽然当时表现不出迹象来，但受了冻伤的幼苗需要相当长的时间才能恢复正常，因而影响了海带分苗后的生长速度。

（6）缺乏假根的幼苗不宜夹苗，缺根幼苗夹上后很容易脱落，导致缺苗。但叶片梢部被折断、剩余的带假根部分达到分苗标准长度者仍可使用。

（7）及时补苗。苗绳下海后不可避免会有一部分苗因风浪等问题丢失或者死亡，应该及时补苗，不然将会影响产量。补夹的苗应尽量与养殖绳上的苗大小一致，不可相差太大，不然补上去也没有生产意义。

4. 挂苗

苗夹好后，应及时出海挂苗（彩图 55），尽量减少幼苗在陆地上的积压时间。出海挂苗运输操作与运苗基本相同，应保持苗种湿润、不相互摩擦，并且避免日晒雨淋。

挂苗的方法是用吊绳直接将养殖绳挂到筏架上，一般都采用直接平养法挂苗。挂苗水层要根据养殖方式、密度、水流条件和透明度大小来决定。初挂水层应偏深些，这是因为幼苗从密集丛生的育苗器上剥离下来，经分苗后受光条件发生了很大变化。同时，由于幼苗不需要强光，光照强会抑制其生长，甚至会发生病害，所以在北方海区，一般初挂水层在 0.5 米左右，幼苗经过一段适应时间再提升水层。

挂苗时应注意以下事项：①每次出海挂苗所取的数量不可过多，以在 1～1.5 小时内能挂完为准。因为数量过多，挂苗时间过长，幼苗受冷空气的刺激大，很易受冻害。②在运输过程中，要用草席等将苗盖好，避免风吹日晒。③挂苗操作时，必须仔细认真，除绑扣要牢固外，还要轻稳取放，有条不紊，避免摩擦折断幼苗。④要严格按照设定的挂苗密度挂苗，保证最终养殖产量。

五、海区养殖方式

我国海带筏式养殖养成形式有垂养、平养、垂平轮养、潜筏平养、方框平养和"一条龙"养成法等6种形式。目前主要采用平养和垂养。北方海区，在幼苗暂养期间采用的是垂养法，而养殖期则是采用平养法；南方海区，幼苗暂养和养殖期均采用平养法。

平养是水平利用水体的养成方法（图3-6）。这种方法是分苗后，将养殖绳挂在两行筏子相对称的两根吊绳上，使苗绳斜平地挂于水层中。

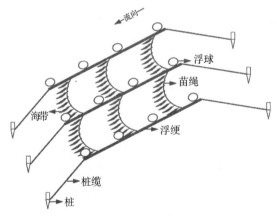

图 3-6　海带平养法示意

平养的最大的优点是将养殖苗绳上的海带排列在一个接近于同一平面的斜面上，拉开了株间距离，每株海带都能够得到较充足的光照，生长迅速，个体间生长差异较小。这种方法克服了垂养中养殖绳上端海带遮挡下端海带受光的问题。平养的海带比垂养的生长快，在每株海带的鲜重量和干品率方面，平养海带也比垂养海带要

高得多。平养的另一优点是不需要像垂养那样频繁进行倒置，因而大大节省了工时，减轻了劳动强度。

平养也有其缺点，由于海带都并列在一个平面上，互相遮光很轻。尤其是在养育初期藻体较小时，彼此遮光更轻，因而生长部接受的光照普遍偏强，而叶片梢部却接受微弱的漫反射光，叶梢部的互相遮光现象也较严重。这不符合海带自然受光的状况，将会抑制生长部细胞的正常分裂，尤其是在海水透明度增大时更为严重，不但生长部细胞分裂不正常，而且叶片生长也不舒展，平直部形成得晚而且短小，并易促成叶梢过早衰老。另外，叶梢也易出现绿烂、白烂等病害。平养的这个缺点在透明度较大的北方海区显得尤为突出，而在浑水的南方海区却很少存在这一问题。在水深流大的海区平养的海带，藻体的中部和梢部被水流冲起，漂浮在较浅的水层中，而生长部位所在的叶片基部却在较深的水层中，这正好符合海带的自然生态，不但不会产生上述缺点，相反使海带受到更加合理的光照。要使海带能保持这种状况，吊绳必须适当长些，尤其是在流很大的情况下，否则整个海带都会被流水压在深水层。

另外，由于平养的养殖绳通过两端的吊绳固定在两行浮筏上，因而不像垂养苗绳那样有较大的摆动幅度；在海水流速小的海区，平养的海带叶片基本下垂在同一水层，因而阻流阻浪现象较严重，使海带不能得到良好的受流条件，从而影响海带受光状况。

可通过水层调节操作来避免平养的上述缺点，在分苗后的养育初期，为防止生长部受强光抑制，可以用长吊绳或使苗绳的斜平度加大。在养殖水层的掌握上，一般要宁深勿浅，以后逐步稳妥地向上提升。

六、养殖管理

养殖管理主要包括补苗或疏苗、水层调节、日常观察和清洗浮泥。从分苗后到厚成收割前，是海上养成管理阶段，这个阶段在北方海区需要 6~7 个月的时间；在南方海区大约需要 5 个月的时间。

err

海带在海上经历了低温的冬季、水温回升的春季和较高水温的初夏，从藻体本身来说，是从幼小长到成熟的过程。海上养成阶段的管理工作的好坏，直接关系到海带的最终产量和产值。

（一）养殖密度管理

合理密植是提高产量的一项有效措施。海带养殖生产的目的，一方面要获得单位面积内的最高产量，另一方面还要有符合商品规格的质量，这样才能实现优质高产，才能获得更高的经济收入。为了充分发挥海带的群体和个体的生长潜力，要掌握合理的养殖密度。养殖密度过大，藻体间相互遮光且阻流严重，不管是群体还是个体都得不到充足的光照，再加上其他营养条件得不到满足，导致个体和群体的生长潜力都不能得到充分的发挥。如果养殖密度过小，虽然光照条件和其他条件得到了改善，海带的个体生长潜力得到了充分的发挥，但由于群体的株数少，不能充分利用水体的生产力。当前生产上存在的问题是养殖密度偏大，不仅是指每绳海带的夹苗数和每台筏子的挂绳数偏多，还包括一个海区的总养殖量偏大，以及养殖区布局不合理，超过了水体的最适养殖容量，因而导致单位养殖产量或整体养殖产量出现了下降。

到底多大的放养密度才算合适呢？从理论上来说，应该是群体能得到充分的发展，而个体稍受抑制。但对一个具体的海区来说，合理的放养密度要通过不同密度的试验才能获得。海带养殖的密度，主要是由苗数、苗距、绳距、筏距等决定的。根据目前的生产技术水平，一般认为：一类海区每绳（净长 2.5 米）夹苗 25～30 株，每亩放苗量 1 万～1.2 万株；二类海区每绳夹苗 30～40 株，每亩放苗量 1.2 万～1.6 万株；三类海区每绳夹苗 40 株以上，每亩放苗量 1.6 万株以上比较适宜。

（二）养成期水层的控制和调整

养殖水层的调节，实际上是调节海带的受光。海带养殖过程中，光照条件的调节是一个比较复杂的问题。因为光线在海水中的

状况与海水的透明度和流速有关，同时海带的受光状况还与养殖方式、养殖密度等有关。因此，没有通用的调光办法，各个海区要根据自身的特点和养殖方法，确定调光办法。

1. 养成初期

根据海带幼小时不喜强光的习性，分苗后在一类海区可采取深挂。在北方海区初挂水层为 50 厘米；在南方一般海区初挂水层为 10～20 厘米。

2. 养成中期

随着海带个体的增大，相互间的遮光、阻流等现象越来越严重，在深水层的海带生长会逐渐缓慢，因此必须及时调整水层。在此期间，北方海区的水层一般控制在 50～80 厘米；南方一般控制在 40～60 厘米，浑水区控制在 20～30 厘米。

在整个养殖过程中，只是根据海水透明度的变化情况，适时调节吊绳的长度，或用加减浮力的办法来调整养成水层。

3. 养成后期

光线是促使海带厚成、增加干物质积累的重要因素。但在海水温度还不适宜厚度生长时，光线只能促使海带局部厚成，往往是养殖绳两端靠近缆绳部分受光较好的海带厚成较好，叶片较厚，色泽较深。养殖绳中部的海带因水层较低，厚成较差。待海水温度升到适宜厚度生长时，不仅是受光好的部位厚成较快，而且受光较弱的部位的厚成也相应地加快。这时海带光合作用所制造的物质主要供应于物质的积累，很少供给长宽的生长。因此，在考虑到用光照促使厚成的同时，必须考虑海水温度，而当海水温度达到适合厚度生长时，必须及时调整光照，促使其厚成。这样既能防止过早提升水层影响生长，又能防止过晚提升水层影响厚成。

南方和北方海带厚成期的水温不同。在北方地区的一类海区，春季水温回升到 8℃以上，海带就进入厚成期；一般海区要到 12℃左右才进入厚成期。福建海区水温要回升到 18℃左右才进入厚成期。

为了促使各部位海带都能厚成，进入养殖后期要及时提升水层，增加光照，同时要进行间收，把厚成较好的海带间收上来，这样就能改善受光条件，促进厚成。另外，切尖等措施都是改善海带后期受光条件的有效方法。目前，北方地区的大连市和蓬莱市还采用间收的方式来进行增产；因为缺乏劳动力以及雇工成本较高等问题，在其他地区目前均未使用间收的方法，而是在养成后一次性将整绳海带收获。同样的原因，生产中也不再进行切尖增收。

（三）整理筏架

海带的养成筏架一般都是在临近分苗时才设置在海中，因为过早设置不仅要增加护理工作量（清除杂藻、贻贝等其他附生动物），而且还增加了器材的损耗，影响养成后期筏架的安全。在分苗工作结束后，要进行筏架的整理工作，将过松过紧的筏架调到适当的松紧程度；参差不齐的筏架要调至整齐。在养成过程中可能会发生拔桩、断绠、缠绕甚至整台养殖筏受到破坏的情况，要及时进行整理和维护。尤其是在养殖期间，对于缠绕到筏架和养殖绳上的铜藻等漂浮藻类要及时清理，以免出现对海带的遮光，以及大量堆积后拔桩、倒筏等问题。

（四）维护和添加浮球

养成期间，可根据海带生长情况，及时在养殖绳或绠绳上增加浮球，来调节海带养殖的水层，提高产量。同时，应及时检查浮球状况，对于破损和丢失的浮球要及时更换、补齐。

（五）更换吊绳

养殖期间，应及时检查吊绳是否被磨损，绳扣是否松弛，发现问题要及时处理。

（六）涮洗浮泥

海带在凹凸期，或是在进入脆嫩期后叶梢的衰老部分，往往沉积有很多浮泥，特别是浑水区的海带叶片上沉积的浮泥更多。这些浮泥不但影响海带的受光，而且影响海带的呼吸作用，如果不及时清洗掉，就要影响海带的正常生长，甚至导致病烂的发生。另外，大量的浮泥沉积往往使筏架下沉，使海带的受光更加不足。因此在养成过程中，要经常在舢板上提起养殖绳上下摆动几下，来涮洗浮泥。

七、病害防控

海带养成期间的主要病害有绿烂病、白烂病、点状白烂病、泡烂病、卷曲病、柄粗叶卷病和黄白边病等。但值得注意的是，海带养成期病害与苗期病害情况相似，多数是由于光照、盐度、温度、水质等变化导致的生理性病害。

（一）绿烂病

【症状】绿烂病是培育期间常见的一种病害（彩图 56），绿烂病通常从藻体梢部的边缘变绿、变软，或出现一些斑点，而后腐烂，并由叶缘向中带部、由尖端向基部逐渐蔓延扩大，严重时使整条海带烂掉。显微切片观察，发病部位的组织细胞发生病变，细胞内原生质不丰满，表皮细胞内质体有分解现象，细胞和组织呈现绿色，细胞间结构疏松。

【发病特点】绿烂病一般发生在 4—5 月，天气长期阴雨多雾，光照差或海水浑浊导致透明度小时容易发生。从水层来看，绿烂病几乎全是从底层海带开始，上部水层发病较轻，尤其是养殖密度大或遮光重者发病较重。大面积养殖海区的中心位置及潮流小的近岸区绿烂病较重。

【病因】一般认为绿烂病是由于光照不能满足海带正常的生理代谢而引起的，造成藻体细胞的活力逐渐变弱直至原生质破坏，最后死亡。在这个过程中，呈现黄色的褐藻黄素首先被分解，显示出叶绿素的颜色，使细胞和叶片呈现绿色，并出现黏性的腐烂现象。由于海带梢部组织细胞生长周期长、活力较弱，对不利环境适应力差，又由于筏式养殖的海带叶片下垂，叶梢受光弱，因此绿烂病一般从尖端开始。

【防治措施】防治绿烂病的措施包括：①通过减小吊绳长度，将处于水层较深的养殖绳上提到适当浅的水层；②将绿烂部位切除或将腐烂严重的海带割掉；③将发病区的养殖绳适当布置稀疏，最好移到水深流大的外区；④及时、经常地涮洗海带叶片上沉淀的浮泥。

（二）白烂病

【症状】白烂病（彩图57）通常先发生于叶片梢部。藻体由褐色变为黄色、淡黄色，以至白色，然后由梢部向基部、由叶缘向中带部逐渐蔓延扩大。同时，白色腐烂部分大量脱落，严重的藻体波褶部全部烂掉，仅剩色浓质韧的中带部。部分海带全叶烂光，白色腐烂部分有时变红褐色。切片显微观察病烂部位，发病部分的组织细胞发生病变，细胞内原生质体消失，表皮细胞没有或仅有少量质体，细胞只剩空壁。

【发病特点】白烂病一般发生在5—6月，在天气长期干旱、海水透明度高、营养长期不足的情况下容易发生。多发生在水质贫营养或不肥沃的海区，氮磷营养丰富的海区很少发生白烂病。多发生在浅水层，且大面积养殖的浅水区中心发病重，水深流畅的水区发病轻或者不发病。中带部小、叶波褶部大、藻体薄的海带白烂病较重。

【病因】白烂病是细胞的褐藻黄素和叶绿素一起被分解，呈现白色致死的现象。从病害发生的现场情况来看，白烂病都是发生在浅水层，同时又多是海带长到一定大小，水温升高到一定程度而海水透明度突然增大时才会发生。因此，光照过强是发生白烂病的重要原因之一。另外，白烂病多发生在缺氮的海区，营养不足导致海带生长发育受到影响。在这种情况下，光照过强就容易发生白烂病。因此，营养条件不佳和光照过强，是发生白烂病的主要原因。

【防治措施】①加强幼苗培育，早分苗，分壮苗，尽量缩短海带脆嫩期以增加海带的厚度；②合理布置养殖密度，保持水流通畅，同时在养殖集中的区域，减少筏架数量、加大养殖区间距、预留航道；③根据海况变化和海带生长发育需要，合理调整光照；④白烂病发生后，应降低养殖水层，适当地增加施肥量，进行切尖处理后应抓紧洗刷浮泥以防止白烂后的细菌感染。

（三）点状白烂病

点状白烂病也是一种常见的病害（彩图58），具有发生突然、发展速度快的特点，3～5天就能使海带烂到极严重的程度，对生产危害很大。

【症状】点状白烂病一般先从叶片中部叶缘或与梢部叶缘同时出现一些不规则的小白点，随着白点的逐渐增加和扩大，使该部位叶片变白、腐烂或形成一些不规则孔洞，并向叶片生长部、梢部或中带部发展，严重者使整个叶片烂掉。白色腐烂部分有时微带绿色。切片显微观察显示，刚出现白点时，仅向光面组织细胞内原生质和质体减少，表皮细胞略疏松；白烂扩大并烂成孔洞时，洞外残存的细胞形态模糊，严重的细胞已腐烂脱落，在孔洞周围细胞有半溶解现象，且质体位于四周，呈浓褐色，呈现一圈明显的色素环。

【发病特点】点状白烂病多发生在5月前后，有时夏苗暂养期间也有发生。在海水透明度突然增大、天晴、光强、风和日暖的情况下容易发生，而且透明度越大，持续时间越长，病烂越严重。点状白烂病多发生在脆嫩期或凹凸期含水分多的阶段，色浓质韧的海带发病轻或不发病；水浅、流缓的大面积养殖中心区域发病重，水深、流大的边缘区发病轻或不发病；病害多发生在浅水层。

【病因】点状白烂病主要是由光照突然增强而引起的。当光照度突然增大，海带局部生命力弱的细胞适应不了时，就会发生细胞的破坏而死亡。在此过程中，由于色素体被分解，藻体出现白点，随即溃烂。

【防治措施】点状白烂病是一种强光性病害，所以预防应从光线（水层）调整着手，主要防治措施包括：①控制养殖水层。在易

于发病的前 10～15 天（4 月下旬至 5 月中旬），将养殖水层控制在
100 厘米以下，以避免突然受光过强引起发病。但是当藻体快进入
厚成期且没有出现发病现象时，应及时逐步提升水层，以促进藻体
充分厚成。②改善水流，改善海带的受光条件以加强物质交流。可
以采用缩小养殖区面积和加大区间距，降低养殖绳密度，及时切
尖，以及将养殖绳移至流速较大的海区等措施。③加强幼苗管理，
尽量提早分苗，使藻体提早进入厚成期。

（四）泡烂病

【症状】泡烂病（彩图 59）发生时，在叶片上不分部位地发生
很多水泡。当水泡破裂后，便沉淀一定浮泥而变绿，腐烂成许多孔
洞。严重时叶片大部分烂掉。

【发病特点】泡烂病主要发生在夏季多雨期的浅水薄滩海区。

【病因】大量淡水流入海区后，使海水盐度急剧降低，导致海
带细胞因低盐渗透而导致死亡。

【防治措施】主要是在大量降水前，将养殖绳下降水层，以防
淡水的侵害。

（五）卷曲病

【症状】卷曲病通常发生在海带叶片的基部（生长部）周围，
发病症状分两种情况。一种情况是，发病开始时，向光侧的叶片波
褶部（或与中带部同时）变为黄色或黄白色，随后在叶片波褶部出
现豆粒大的凹凸、网状皱褶，或者由叶片波褶部向中带部卷曲扭
转。严重的情况下，叶片波褶部可卷至中带部，该部叶片由此烂
掉。另一种情况是，海带叶片的基部（生长部）出现"卡腰"现
象，基部伸长，局部肥肿，叶片基部加宽，藻体生长停止。切片显
微观察显示，向光面发病部位的表皮细胞甚至皮层细胞呈点状或片
状死亡。细胞内原生质减少，质体破坏，有的仅剩细胞外廓。严重
的细胞壁已碎裂脱落。

【发病特点】卷曲病的发病温度范围较广，北方地区 10 月至第

二年 4 月上旬都有可能发病；在天气晴朗、无风、海水透明度高的小汛潮期容易发生；主要发生于海带脆嫩期，藻体长度一般为 80 厘米；病害易发生在浅水层，水浅、潮流小；大面积养殖区的中心发病重，水流通畅的外区发病轻微或不发病。

【病因】根据卷曲病的发病规律来看，可以认为卷曲病是突然受光过强所致。因为处在脆嫩期的海带具有喜弱光的特性，当海水透明度突然升高时，养殖水层较浅的海带会因强光刺激导致向光面表皮细胞的大量受伤害和死亡，而背光面细胞的继续生长，使叶片两面细胞生长失去平衡，形成了卷曲现象。同时，由于这时期海带个体小、互相遮光，且叶片基部（生长部）细胞幼嫩，对强光适应力差，因此卷曲发生在叶片基部。

【防治措施】①夏苗暂养区，特别是水浅流缓、挂苗集中的海区，应适当外移；合理安排养殖密度，畅通流水，改善受光条件，发生卷曲病后，必要时可向水深、流大的海区搬移。②养殖初期，叶片长度在 100 厘米以内时，加密养殖，增加养殖密度 0.5～1.0 倍，互相遮挡，避免强光；③根据透明度的高低，控制适当的养殖水层，一般初期应掌握在 100 厘米以下。

八、收获

（一）收获时期

海带收获过早和过晚对海带的产量和质量都有损失。过早收获，海带含水量高，制干率低，质量差。收获过晚则海带又会在海中大量腐烂造成损失，同时，晚收获的海带因生长缓慢，叶面上易沉积大量浮泥和附着大量寄生物，降低了加工品质；在南方地区，夏季是多台风季节，养殖后期的海带易遭台风灾害而损失，所以收获必须适时。

收获期的掌握除了应以海带的厚成情况为主要标准外，还要考虑海区环境因素，内湾或近岸水流缓慢的海区要早收，水流畅通的海区可晚收。

在大量生产情况下，收获和加工不是在很短时间内所能完成的，因此还必须根据人力、物力、晒菜场地和加工方法等条件来掌握。如果等海带充分厚成时才开始收获，那么后期收获上来的海带就会因时间过晚而遭受损失。所以开始收获时鲜干比和干品等级标准的要求可稍低一些，中期合乎标准，后期高一些。

筏式养殖的海带一般要求 6～6.5 千克鲜菜晒成 1 千克干菜。南方地区水温升高快，早一些开始，收获时间一般为 3 月下旬至 5 月中旬。北方地区收获期较长，一般从 5 月开始，先收内湾、内区的海带，晚的到 8 月中旬结束。辽宁省海带加工只进行盐渍加工，因此收获时间则较短一些，从 5 月中上旬开始到 7 月末结束。

（二）收获方法

多年以来，海带收获主要是手工作业完成，目前一些海带收获船等半机械化收获装置在试验研究阶段。南方地区，因为潮差较大，因此在岸边架设了卷扬机，将整绳海带从养殖船上沿钢丝缆绳吊到近岸，进行后续加工。

收获海带（彩图 60）是一项繁重的体力劳动，大部分地区的海带收获仍采取整绳收获的方式进行生产。在北方的辽宁省和山东省（蓬莱市长岛县），生产上仍采取间收的方法，把单株成熟的海带在柄的基部用刀割或连根拔下，将收获的海带装船运到岸边，运上岸进行加工。这种"成熟一棵收一棵，成熟一绳收一绳"的间收方式，提高了海带产量和加工的品质，但相对而言也增加了操作的复杂性。

在海带收获时，应在海水中涮洗一下浮泥并及时清理其上附生的杂藻和附生生物，在运输中不要拖土粘泥，以免影响加工质量。

九、初级加工

根据海带不同的用途，海带初级加工的方式基本分为三种类型：鲜海带饵（饲）料、淡干海带和盐渍海带。

（一）鲜海带饵（饲）料

鲜海带饵（饲）料主要是作为鲍和海参的养殖饵（饲）料。鲍饵料加工，通常是在海区中养殖船上，用切片机将海带切成10～15厘米的小方块，然后直接投喂在养鲍笼中。海参饲料是将整株海带用粉碎机打成浆状，再掺入其他饲料，用于海参投喂。由于成本问题以及海参摄食中对泥沙不敏感等原因，也有将质量较差（通常是泥沙含量高、黄白边多）的淡干海带用粉碎机打成粉，再掺入其他饲料作为海参饲料。

（二）淡干海带

淡干海带是利用阳光晒干海带（彩图61）制成的干品，这种方法具有加工质量好、色泽好、处理材料成本低、便于加工和不破坏营养成分等优点。

1. 场地晾晒

在岸边的晒菜场（彩图62）上，将海带单棵平摆在地面上或支起的晒网上。在晾晒过程中，不要折叠，当薄的梢部晒干后，要把没晒干的基部压在梢部上，促使其干燥，同时避免梢部被晒得过干而断裂破碎。收获的海带应该争取当天晒干入库，要早收早晒，或前一天下午收获，第二天早晨就晒。海带不能晒得过干，否则容易破碎。

晒场的环境条件决定了淡干海带的品质。砾石或卵石的场地晒出的淡干海带泥沙等杂质少、色泽鲜亮；在矮小青草的草地进行晾晒，干燥较慢，但晒出的海带杂质少；而沙土地晒出的海带则泥沙含量大，且晾晒不均匀，易出现黄白边，应在晾晒过程中及时翻面，并在晒干后清除表面的泥沙。

2. 吊晒

吊晒是将海带养殖绳整绳吊挂在岸上或海区的竹竿上进行垂直晾晒的方式。相比场地晾晒而言，吊晒基本没有泥沙黏附，同时节省空间。这种晾晒方式比较适合于南方地区，因养殖周期短、初夏水温上升速度快，海带个体长度不大，基本小于 2.5 米，同时海带厚度比较薄，容易晒干。浙江省的吊晒主要是在岸上进行，而福建省宁德市霞浦县海带吊晒主要是在海区，利用坛紫菜养殖的竹竿进行吊晒。

3. 烘干

脆嫩期的海带或者是生长期短的海带（例如漳州市东山县，养殖期仅有 160 天左右），一般厚度比较薄，可通过干燥设备进行直接烘干，这种加工方式相对生产效率高，但能耗成本也较高，比较适合于加工质量好、价格高的优质淡干海带（彩图 63）。

（三）盐渍海带

盐渍海带（彩图 64）是目前海带主要的初级加工方式，相对淡干海带加工而言，其工艺过程较为简单且机械化程度高，人工劳作强度较小，在我国南方和北方地区应用比例越来越高。将整绳的海带进行简单清洗和去除杂质后，用漂烫机在 80～90℃ 的热水中煮 2～3 分钟，然后用传输带送至搅拌机中进行脱水，然后掺入原盐（俗称大粒盐），将拌好盐的海带平整后，运输到低温库中进行堆积贮藏，待后续进一步加工为海带丝、海带结、海带片、海带卷等加工食品。

第四章
绿色高效养殖案例

第一节　养殖投入与产出

　　海带养殖业的投入即为养殖成本，主要包括了海域租金、养殖器材折旧费、苗种费、养殖船燃料费、人工费、水电费和保险等服务性支出等。我国南、北方海带养殖业的产业模式截然不同，北方地区的辽宁省和山东省是以公司为主体，养殖面积少则几百亩、多达近万亩；而南方地区的浙江省和福建省，则是以渔民家庭为主体，一般在几亩到几十亩的养殖规模，极少能达到百亩以上。这两种不同的产业组织方式，其成本构成种类方面接近，但在各类生产投入成本的比例方面以及养成品价格方面存在着巨大的差异。

　　根据 2018 年调研资料显示，福建省海带养殖业本户人工与雇工比例为 1∶0.44，体现出对本地渔民家庭成员就业的贡献；而山东省海带养殖业本单位人工与雇工比例为 1∶14.5，体现出对提供外来雇工就业岗位的贡献（表 4-1）。

表 4-1　山东省和福建省海带养殖投入产出对比（2018 年度）

项目	山东省	福建省
养殖投入产出比	1∶5.87	1∶1.59
养成品单价	2.22 元/千克	1.26 元/千克
人工生产效率	2.5 人·天/吨	1.5 人·天/吨
人工费占养殖投入比例	76%	50.1%

（续）

项目	山东省	福建省
海域租金占养殖投入比例	3%	5%
养殖器材折旧费占养殖投入比例	0.5%	28%
养殖船燃料费占养殖投入比例	13%	3.3%
服务性支出占养殖投入比例	7%	10.2%
苗种费占养殖投入比例	0.4%	3%

从监测点的养成品单价来看，山东省2个监测点的2018年海带单价为2.22元/千克，而福建省5个监测点的2018年单价仅为1.26元/千克，山东省海带价格是福建省的1.76倍，价格差异直接导致了两省间养殖效益差异。福建省海带养成品加工规模和比例远低于山东省，下游加工业的生产能力和生产产品种类直接影响到海带养殖价格和效益。

从海带养殖业的投入产出效益的比例来看，山东省的海带养殖业投入产出比明显优于福建省。2018年山东省海带养殖业的投入产出比为1∶5.87，而福建省海带养殖业的投入产出比为1∶1.59。山东省是福建省同期的3.7倍。但就实际海带养殖人工生产效率（每吨海带养成品投入的人工日数）而言，2018年度，山东省海带养殖效率为2.5人·天/吨，而福建省仅为1.5人·天/吨，考虑到养殖周期差异的因素（山东省为280天，福建省为190天，比例为1.5∶1），福建省人工生产效率折合为2.25人·天/吨，仍然高于山东省。这体现出分散生产的高效率特点。

从海带养殖投入的成本结构来看，北方地区山东省的人工费较高，约占总投入的3/4，而南方地区福建省人工费仅占1/2，反映出大规模养殖对人工数量和投入工作日数的依赖；北方地区山东省的养殖船燃料费占养殖总投入的比例是福建省的约4倍，同样反映出大规模养殖对日常管理操作的需求。福建省和山东省不同产业组织方式对生产成本影响还具体体现在养殖器材折旧费方面，山东省仅占总投入的0.5%，而福建省则约占28%，南方地区较为简易的养殖器材（包括绳索及泡沫浮子）实质上更易损耗。相比较而言，南、北方海带养殖业的海域租金成本较为一致；同样的，苗种费对海带养殖总投入的影响也较小，福建省比例约为3%，而山东省进一步降低至0.4%。

海带养殖效益低于鱼类、贝类、海参等海洋动物养殖，但从养殖风险的角度来看，海带养殖受病害影响较小，养殖收益的稳定性要远远高于水产动物养殖。并且，从养殖投入成本而言，低廉的苗种价格，以及养殖过程中无须饲喂等成本优势更为明显。海带养殖技术易于掌握且中间养殖管理简便，具有投入低、管理轻简、产出稳定的优点。

第二节 养殖案例

我国南、北方海带养殖环境条件差异较大，主要表现为季节性水温差异、透明度差异、水流速度差异等。山东省和辽宁省等北方地区的海带养殖区，普遍水深流大，海水透明度最大可达1~2米；而福建省和浙江省等南方地区的海带养殖区，普遍水浅流慢但潮差较大、海水透明度低（最大为1.0米）。因此，我国南、北方海带养殖的具体操作存在着明显的不同。总体来讲，北方地区海带下海暂养早，养殖密度低，海带成体单株重量高；南方地区海带下海暂养晚，养殖密度高，海带成体单株重量低。

1. 山东省荣成海带高效养殖案例

海带幼苗下海暂养方式为垂养，将苗绳截成50厘米的一段，在一端系上坠石，在另一端系上聚乙烯绳作为吊绳并拴在同一根养殖绳上。幼苗下海后马上调节水层至适宜的深度，为当地透明度的1/3~1/2。透明度偏低的海区，初挂水层可在30~50厘米，7天内逐渐提升到20~30厘米；透明度偏高的海区，初挂水层可在50厘米左右，而后逐渐提升到20厘米左右。经过半个月左右的暂养，就会有一批幼苗达到分苗标准，在 10 月底到 11 月上旬就可以开始分苗。分苗的幼苗大小以 12～15 厘米为宜，海带苗帘绳的分苗通常可重复利用 1～2 次。海带夹苗为间距 8～10 厘米的单夹法，将海带幼苗的柄部夹在养殖绳中间。

从分苗后到厚成收割前，是海上养成管理阶段，这个阶段需要六七个月的时间，养殖管理主要包括补苗或疏苗、水层调节和日常观察。用吊绳将夹好幼苗的养殖绳挂到筏架上，一般都采用直接平养法挂苗。由于秋冬季透明度高，为防治病害，初挂水层在 0.5 米水深左右，经过一段适应时间再提升水层。到春节前后的"清水期"，海水透明度增大，则适当增加坠石，下沉养殖绳。在养成中期，须及时上调水层，水层一般控制在 50～80 厘米。在春季水温回升到 12℃以上时，海带就进入到厚成期。厚成期可根据海带生长情况，及时在养殖绳或缏绳上增加浮球，来调节海带养殖的水层，提高产量。养殖后期，一般从 5 月开始收割，先收内湾和内区的海带，再收外区的海带，最晚可到 8 月中旬结束。

2. 福建省霞浦海带高效养殖案例

海带幼苗下海暂养方式为平养，是将截成一定长度的苗绳，用聚乙烯吊绳分别系在两根水平的养殖缏绳上，或者是系在养殖网箱的两侧。南方部分地区的幼苗养殖是在暂养筏架上进行的。海带苗种暂养筏架用竹竿制作，将其固定在养殖筏架上；规格通常为正方形，为 9 米×9 米大小，可暂养 3～4 帘海带苗种。将分拆的单根苗绳用吊绳系在养殖筏上，间距一般为 14～20 厘米。为避免苗绳漂浮，通常在苗绳两端系上坠石。暂养过程中，在纵向的养殖缏绳上，每隔 20 厘米，拴有一根 20～40 厘米长的聚乙烯细绳（即吊绳），通过吊绳的长度来调节海带苗的暂养水层深度。将苗绳的两端系在吊绳上，绳的下面系上坠石，确保苗绳能稳定在一定的水层。每根吊绳间隔 20 厘米，可保证苗绳在风浪中不会互相碰撞、缠绕。随着苗种长大，可在平养的苗绳中部系浮球或空塑料瓶增加浮力。经 1 个月左右的暂养后才能达到分苗标准，在 12 月下旬开始分苗。分苗的幼苗大小以 12～15 厘米为宜，因考虑到节约苗种的需要，可多次分苗。不同批次分苗时，幼苗的大小必须随分苗期早晚而有所不同。分苗早的幼苗可略小些，10～12 厘米即可；中期分苗时，一般应在 15 厘米以上，而后期分苗的幼苗则应更大些。因为霞浦海域透明度低、初夏水温提升速度快、养殖周期短，通过提高夹苗密度来增加单位养殖面积的数量从而提高产量，采用间距为 3～5 厘米的单夹法，将海带幼苗的柄部夹在养殖绳中间。

从分苗后到厚成收割前，是海上养成管理阶段，这个阶段大约需要 5 个月的时间，养殖管理主要包括日常观察和清洗浮泥。用吊绳将夹好幼苗的养殖绳挂到筏架上，一般都采用直接平养法挂苗。养殖绳长为 8 米，深水区的绳间距为 1.3 米，浅水区的绳间距为 1.5 米。在养成中期，须及时上调水层，水层一般控制在 40～60 厘米，浑水区控制在 20～30 厘米。在春季水温回升到 18℃ 以上时，海带就进入厚成期。在养殖期间，对于缠绕到筏架和养殖绳上的铜藻等漂浮藻类要及时清理，以免出现对海带的遮光和大量堆积后拔桩、倒筏等问题。由于夏季是多台风季节和雨季，养殖后期的海带易遭遇天气灾害，所以收割必须适时。内湾或近岸水流缓慢的海区要早收，水流畅通的海区可晚收，收割时间一般为 3 月下旬至 5 月中旬（彩图 65）。

参 考 文 献

常忠岳，慕康庆，卢岩，2002. 海带养殖业存在的问题 [J]. 科学养鱼 (10)：20.

崔竞进，欧毓麟，1979. 弱光保存海带配子体的初步实验 [J]. 山东海洋学院学报 (1)：133-137.

戴继勋，崔竞进，韩宝芹，等，2000. 海带雄配子体单性生殖叶状体的特性 [J]. 海洋通报 (2)：20-24.

戴继勋，崔竞进，欧毓麟，等，1992. 海带孤雌生殖和自然加倍的研究 [J]. 海洋学报 (1)：105-107.

戴继勋，方宗熙，1976. 海带孤雌生殖的初步观察 [J]. 遗传学报 (1)：32-38.

戴继勋，方宗熙，1979. 海带雌配子体和幼孢子体的细胞分裂 [J]. 山东海洋学院学报 (1)：1-5.

戴继勋，欧毓麟，崔竞进，等，1997. 海带雄配子体的发育研究 [J]. 青岛海洋大学学报 (1)：41-44.

杜佳垠，2006. 海带常见种类分布与增养殖前景 [J]. 渔业经济研究 (1)：19-24.

段德麟，缪国荣，王秀良，等，2015. 海带养殖生物学 [M]. 北京：科学出版社.

范晓，张士璀，秦松，等，1999. 海洋生物技术新进展 [M]. 北京：海洋出版社.

方宗熙，崔竞进，欧毓麟，等，1979. 海带杂种优势的初步实验 [J]. 遗传学报 (1)：68.

方宗熙，崔竞进，欧毓麟，等，1983. 海带"单海一号"新品种的选育——用海带单倍体材料培育新品种 [J]. 山东海洋学院学报 (4)：63-70.

方宗熙，戴继勋，1984. 二十五年来的海藻遗传学研究 [J]. 山东海洋学院学报 (1)：16-19.

方宗熙，戴继勋，崔竞进，等，1978. 海带雌性孢子体的首次记录［J］. 科学通报（1）：43-44.

方宗熙，蒋本禹，1962. 海带自然种群的遗传性及其利用前途［J］. 山东海洋学院学报（1）：1-5.

方宗熙，蒋本禹，1963. 海带叶片长度的遗传［J］. 海洋与湖沼（2）：172-182.

方宗熙，蒋本禹，1963. 密植对海带柄长影响的初步观察［J］. 山东海洋学院学报（1）：68-74.

方宗熙，蒋本禹，李家俊，1962. 海带柄长的遗传［J］. 植物学报（4）：24-34.

方宗熙，蒋本禹，李家俊，1965. 海带叶片长度遗传的进一步研究［J］. 海洋与湖沼（1）：59-66.

方宗熙，蒋本禹，李家俊，1966. 海带长叶品种的培育［J］. 海洋与湖沼（1）：43-50.

方宗熙，李家俊，蒋本禹，1963. 低剂量 X 射线对海带配子体的刺激效应［J］. 海洋科学集刊（3）：70-76.

方宗熙，欧毓麟，崔竞进，等，1978. 海带配子体无性繁殖系培育成功［J］. 科学通报（2）：115-116.

方宗熙，欧毓麟，崔竞进，1982. 海带的一个自然突变型［J］. 海洋学报（2）：201-208.

方宗熙，欧毓麟，崔竞进，1983. 海带杂种优势的实验［J］. 海洋通报（6）：57-61.

方宗熙，欧毓麟，崔竞进，1985. 海带杂种优势的研究和利用－"单杂十号"的培育［J］. 山东海洋学院学报（1）：64-72.

方宗熙，吴超元，蒋本禹，等，1962. 海带"海青一号"的培育及其初步的遗传分析［J］. 植物学报（3）：7-23.

方宗熙，阎祚美，王宗诚，1982. 海带和裙带菜组织培养的初步观察［J］. 科学通报（11）：690-691.

方宗熙，张定民，1982. 大槻洋四郎对我国海带早期养殖的贡献［J］. 山东海洋学院学报（3）：97-98.

费修绠，鲍鹰，卢山，2000. 海藻栽培——传统方式及其改造途径［J］. 海洋与湖沼（31）：575-580.

何泽民，张泽宇，张学成，等，2018. 海带栽培学［M］. 北京：科学出版社．

黄晓林，郑优，单琰婷，等，2015. 海带化学成分和药理活性研究进展 [J]. 浙江农业科学，56（2）：246-250.

纪明侯，1997. 海藻化学 [M]. 北京：科学出版社.

姜鹏，秦松，曾呈奎，等，2002. 乙肝病毒表面抗原（HBsAg）基因在海带中的表达 [J]. 科学通报（14）：1095-1097.

金振辉，刘岩，陈伟洲，等，2008. 海洋环境污染生物修复技术研究 [J]. 海洋湖沼通报（4）：104-108.

李凤晨，李豫红，2003. 海带筏式养殖技术要点 [J]. 河北渔业（3）：17-20.

李宏基，1991. "海带筏式全人工养殖法"与大概的海带养殖技术 [J]. 海洋科学消息（4）：42-44.

李宏基，1996. 中国海带养殖若干问题 [M]. 北京：海洋出版社.

李家俊，彭作圣，张京普，等，1984. 两种海带的引进与培养的初步观察 [J]. 海洋科学（5）：51-54.

李美真，于波，胡炜，等，2003. 日本真海带规模化人工育苗技术研究 [J]. 齐鲁渔业（9）：25-27.

李顺志，顾本学，1992. 海带苗绳绑浮漂技术推广试验 [J]. 齐鲁渔业（2）：13-16.

李伟新，朱仲嘉，刘风贤，1982. 海藻学概论 [M]. 上海：上海科学技术出版社.

李晓捷，丛义周，杨官品，等，2006. 东方2号杂交海带与亲本和生产种性状的比较研究 [J]. 海洋与湖沼（37）：41-47.

李晓丽，2008. 裙带菜、海带多倍体及杂交育种的研究 [D]. 青岛：中国海洋大学.

李新萍，秦松，曾呈奎，1999. 孤雌生殖海带对氯霉素和潮霉素的敏感性研究 [J]. 海洋与湖沼（2）：186-190.

林贞贤，汝少国，杨宇峰，2006. 大型海藻对富营养化海湾生物修复的研究进展 [J]. 海洋湖沼通报（4）：128-134.

刘涛，崔竞进，戴继勋，等，2000. 海带配子体克隆的培养与应用 [J]. 青岛海洋大学学报（2）：203-206.

刘涛，崔竞进，杨迎霞，2002. 用配子体克隆两系杂交技术培养海带杂种优势苗种 [J]. 青岛海洋大学学报（32）：311.

刘涛，王翔宇，崔竞进，2005. 海带杂种优势苗种繁育技术研究 [J]. 海洋学报（1）：145-148.

刘涛，殷克东，刘忠松，等，2019. 中国海带产业发展研究 2018 [M]. 青岛：中国海洋大学出版社.

刘涛，赵翠，池姗，等，2011. 海带遗传改良技术现状及发展趋势 [J]. 中国农业科技导报（5）：111-114.

刘涛，2019. 北方海带苗种繁育技术 [M]. 青岛：中国海洋大学出版社.

刘涛，2019. 海带养殖技术 [M]. 青岛：中国海洋大学出版社.

刘涛，2019. 南方海带苗种繁育技术 [M]. 青岛：中国海洋大学出版社.

刘涛，2019. 中国海带产业发展研究 2018 [M]. 青岛：中国海洋大学出版社.

刘雅，何淑丽，陆华，等，2001. 综合鉴定培养基在肠杆菌科细菌鉴定中的应用 [J]. 现代检验医学杂志，16（4）：35-35.

刘永定，范晓，胡征宇，2001. 中国藻类学研究 [M]. 武汉：武汉出版社.

卢书长，1964. 谈谈养殖海带的施肥方法问题 [J]. 中国水产（8）：11-12.

卢书长，1990. "抓一早促三早"海带高产养殖技术 [J]. 齐鲁渔业（6）：29-31.

卢书长，刘殿秀，1994. 水混流急海域开发海带养殖技术研究 [J]. 齐鲁渔业（4）：4-6.

卢振彬，方民杰，杜琦，2007. 厦门大嶝岛海域紫菜、海带养殖容量研究 [J]. 南方水产（4）：52-59.

罗丹，李晓蕾，刘涛，等，2010. 我国发展大型海藻养殖碳汇产业的条件与政策建议 [J]. 中国渔业经济（2）：81-85.

缪国荣，1992. 海藻养殖 [M]. 北京：海洋出版社.

缪国荣，陈家鑫，崔英林，1984. 海带的发生和人工苗的培育 [M]. 北京：海洋出版社.

缪国荣，丁夕春，1985. 我国海带育种的成果及其评价 [J]. 齐鲁渔业（2）：15-18.

农业部渔业渔政管理局，2019. 中国渔业年鉴 [M]. 北京：中国农业出版社.

齐陆，2002. 海带养成技术概述 [J]. 齐鲁渔业（1）：27.

秦松，张健，李文斌，等，1994. 用基因枪将 GUS 基因导入褐藻细胞中表达 [J]. 海洋与湖沼（4）：353-356.

邱和宝，1959. 连江县全民养海带获得大丰收 [J]. 中国水产（14）：21-22.

山东省海洋水产研究所育苗场，1976. 水深流大海区海带养殖经验的初步调查 [J]. 水产科技情报 (9)：22.

山东省荣成县水产研究所，1974. 水泵喷肥船 [J]. 渔业机械仪器 (4)：22-23.

山东省水产学校，1986. 海藻养殖 [M]. 北京：农业出版社.

山东省水产学校，1987. 实用海水藻类养殖技术 [M]. 北京：农业出版社.

山东省烟台地区海水养殖试验场，1972. 海带 [M]. 北京：农业出版社.

孙长文，吴远起，1978. 长岛县海带养殖单产、总产同创历史最高纪录 [J]. 水产科技情报 (9)：9.

索如瑛，1960. 谈谈海带密植问题 [J]. 中国水产 (2)：10.

滕世栋，张建春，刘刚，等，2000. 利用扇贝养殖筏架立体养殖裙带菜海带的试验 [J]. 海洋渔业 (4)：162-164.

田铸平，1989. "海带早厚成品系一号"新品种选育试验报告 [J]. 海水养殖 (1)：7-16.

王清印，1984. 海带几个经济性状遗传力和遗传相关的研究 [J]. 山东海洋学院学报 (3)：65-76.

王珊珊，张磊，金月梅，等，2017. 不同发育时期海带基因工程选择标记的研究 [J]. 海洋湖沼通报 (2)：101-107.

王素娟，1994. 海藻生物技术 [M]. 上海：上海科学技术出版社.

吴韵，邹立红，姜鹏，等，2001. 孤雌生殖海带对草丁膦的敏感性 [J]. 海洋与湖沼 (32)：19-22.

武建秋，王希华，秦松，等，1995. 海带基因工程选择标记的研究 [J]. 海洋科学 (5)：42-45.

谢苗，高薇薇，邓海燕，等，2005. 不同品种海带膳食纤维的形态观察及物理性质 [J]. 广东化工，32 (2)：21-24.

谢土恩，1994. 改革海带养殖技术的研究 [J]. 海洋水产科技 (2)：16-22.

徐学渊，1991. 海带夹苗钳的设计和应用 [J]. 浙江水产学院学报 (2)：106-109.

许国，彭加顺，1997. 南澳岛渔民养殖海带获高产 [J]. 水产科技 (3)：46.

严爱兰，李锋，2009. 海带活性碘的提取 [J]. 生物技术通报 (S1)：262-265.

伊玉华，王仁波，1989. 紫外线对海带雌配子体诱变效应的研究 [J]. 大连水产学院学报（1）：46-48.

于会霆，王哲江，姜雪铃，等，2000. 多元素缓释营养粒在海带育苗生产中的应用试验 [J]. 齐鲁渔业（6）：29-30.

岳文菁，2007. 海带高产养殖技术和病虫害防治措施 [J]. 福建农业（4）：29-29.

曾呈奎，王素娟，刘思俭，等，1985. 海藻栽培学 [M]. 上海：上海科学技术出版社.

曾呈奎，相建海，1998. 海洋生物技术 [M]. 济南：山东科学技术出版社.

曾呈奎，周海鸥，李本川，1992. 中国海洋科学研究及开发 [M]. 青岛：青岛出版社.

张海灵，2001. 海带的科学施肥 [J]. 水产养殖（6）：17.

张景镛，方宗熙，1980. 海带叶片厚度遗传的初步研究 [J]. 遗传学报（3）：257-262.

张起信，1995. "海带苗绳绑漂"的理论与技术研究 [J]. 齐鲁渔业（3）：10-11.

张全胜，刘升平，曲善村，等，2001. "901"海带新品种培育的研究 [J]. 海洋湖沼通报（2）：46-53.

张全胜，曲善村，解建祖，等，2000. 芝罘湾养殖日本长海带试验 [J]. 齐鲁渔业（1）：10-11.

张学成，秦松，马家海，等，2005. 海藻遗传学 [M]. 北京：中国农业出版社.

张泽宇，范春江，曹淑青，等，1998. 长海带的室内培养与育苗的研究 [J]. 大连水产学院学报（4）：1-6.

张泽宇，范春江，曹淑青，等，1999. 长海带海区暂养与栽培技术的研究 [J]. 大连水产学院学报（1）：16-21.

张泽宇，范春江，曹淑青，等，1999. 海带属种间杂交育种的研究 [J]. 大连水产学院学报（4）：13-17.

张泽宇，范春江，曹淑青，等，2000. 利尻海带的室内培养与栽培的研究 [J]. 大连水产学院学报（2）：102-107.

赵焕登，1973. 海带、裙带菜和紫菜养殖 [M]. 北京：科学出版社.

赵焕登，1975. 海带养殖 [J]. 水产科技情报（10）：27-30.

赵焕登，1993. 海藻养殖生物学 [M]. 青岛：青岛海洋大学出版社.

Chu J S, Liu T, Wang X Y, 2004. Study on the breeding technology of heterosis seedling of *Laminaria* and new combinations [J]. Acta

Oceanologica Sinica，23（3）：563-567.

Fei X G，Bao Y，Lu S，1999. Seaweed cultivation：Traditional way and its refor-mation［J］. Chinese Journal of Oceanology and Limnology，17（3）：193-199.

Jiang P，Qin S，Tseng C K，2003. Expression of the lacZ reporter gene in sporo-phytes of the seaweed *Laminaria japonica*（Phaeophyceae）by gametophyte-tar-geted transformation［J］. Plant Cell Reports，21（12）：1211-1216.

Lewis R J，Jiang B Y，Neushul M，et al.，2004. Haploid parthenogenetic sporophytes of *Laminaria japonica*（Phaeophyceae）［J］. Journal of Phycolo-gy，29（3）：363-369.

Li X，Cong Y，Yang G，et al.，2007. Trait evaluation and trial cultivation of Dongfang No. 2，the hybrid of a male gametophyte clone of *Laminaria longissima*（Laminariales，Phaeophyta）and a female one of *L. japonica*［J］. Journal of Applied Phycology，19（2）：139-151.

Patwary M U，VanderMeer J P，1992. Genetics and breeding of cultivated seaweeds［J］. The Korean Journal of Phycology（2）：281-318.

Qin S，Jiang P，Li X P，et al.，1998. A transformation model for *Lamina-ria japonica*（Phaeophyta，Laminariales）［J］. Chinese Journal of Ocean-ology and Limnology，16（1）：50-55.

Zhang J，Liu T，Bian D，et al.，2016. Breeding and genetic stability evalu-ation of the new *Saccharina* variety "Ailunwan" with high yield［J］. Jour-nal of Applied Phycology，28（6）：3413-3421.

Zhang J，Liu T，Feng R F，et al.，2018. Breeding of the new *Saccharina* variety "Sanhai" with high-yield［J］. Aquaculture，485（2）：59-65.

Zhang J，Liu Y，Yu D，et al.，2011. Study on high-temperature-resistant and high-yield *Laminaria* variety "Rongfu"［J］. Journal of Applied Phy-cology，23（2）：165-171.

Zhang Q S，Tang X X，Cong Y Z，et al.，2007. Breeding of an elite *Lami-naria* variety 90-1 through inter-specific gametophyte crossing［J］. Journal of Applied Phycology，19（4）：303-311.

图书在版编目（CIP）数据

海带绿色高效养殖技术与实例 / 农业农村部渔业渔政管理局组编；刘涛主编 . —北京：中国农业出版社，2022.4
（水产养殖业绿色发展技术丛书）
ISBN 978-7-109-29313-7

Ⅰ.①海…　Ⅱ.①农…②刘…　Ⅲ.①海带—海水养殖　Ⅳ.①S968.42

中国版本图书馆 CIP 数据核字（2022）第 057830 号

中国农业出版社出版
地址：北京市朝阳区麦子店街 18 号楼
邮编：100125
策划编辑：郑　珂　王金环
责任编辑：王金环　　文字编辑：陈睿赜
版式设计：王　晨　　责任校对：沙凯霖
印刷：北京通州皇家印刷厂
版次：2022 年 4 月第 1 版
印次：2022 年 4 月北京第 1 次印刷
发行：新华书店北京发行所
开本：880mm×1230mm　1/32
印张：3.25　　插页：8
字数：108 千字
定价：38.00 元

彩图 1 海带丝

彩图 2 海带块

彩图 3 海带扣

彩图 4 海带面

彩图 5 海带酱

彩图 6 海带脆片

彩图7　海带养殖海域

彩图8　海带收获

海带育苗　　　　　海带养殖　　　　　海带食品加工

海带化工

彩图9　我国海带产业链示意图

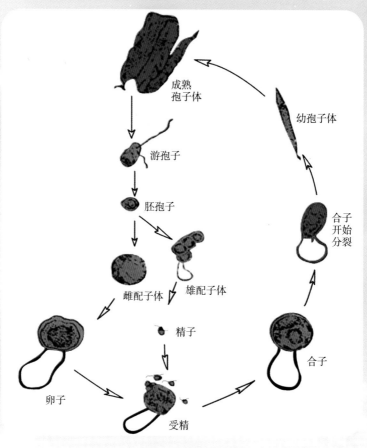

成熟孢子体

游孢子

胚孢子

雌配子体

雄配子体

卵子

精子

受精

合子

合子开始分裂

幼孢子体

彩图 10　海带的生活史

彩图 11　海带孢子体的形态构造

彩图 12　固着器

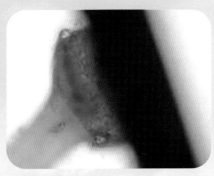

彩图 13　幼苗期盘状固着器

彩图 14　固着器叉状分枝

彩图 15　柄

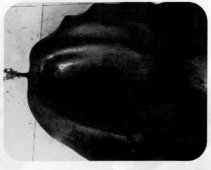

彩图 16　海带基部

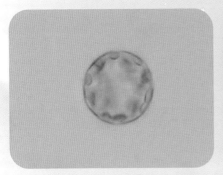

彩图 17　海带雌配子体
（10×40 倍镜）

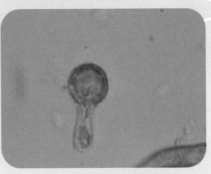

彩图 18　海带的卵
（10×40 倍镜）

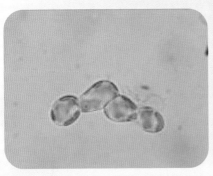

彩图 19　海带雄配子体
（10×40 倍镜）

彩图 20　海带孢子囊群

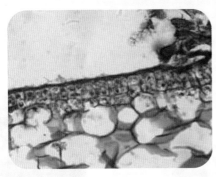

彩图 21　孢子囊发生初期横切图

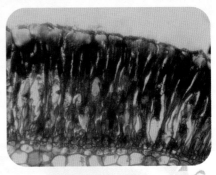

彩图 22　孢子囊群纵切图

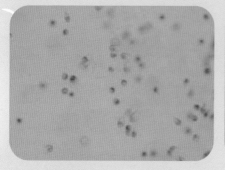

彩图 23　海带游孢子放散
（10 × 40 倍镜）

彩图 24　海带游孢子
（10 × 100 倍镜）

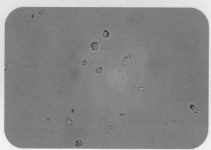

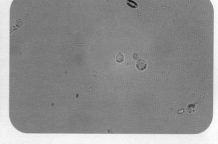

彩图 25　海带胚孢子
（10 × 100 倍镜）

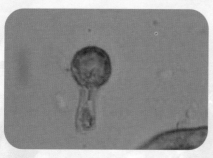

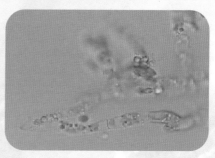

彩图 26　卵囊排卵过程
（10 × 40 倍镜）

彩图 27　海带精子囊
（10 × 40 倍镜）

彩图 28　海带配子体的有性生殖
（10×10 倍镜）

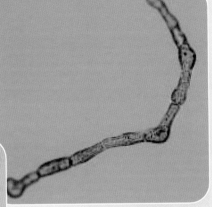

彩图 29　雌配子体克隆
（10×10 倍镜）

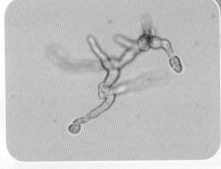

彩图 30　雄配子体克隆
（10×10 倍镜）

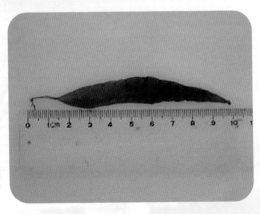

彩图 31　10 厘米海带的外部形态

彩图 32　凹凸期海带

彩图 33　脆嫩期海带

彩图 34　厚成期海带

彩图 35　成熟期海带

彩图 36　衰老期海带

彩图 37 "901"海带

彩图 38 "东方 2 号"海带

彩图 39 "荣福"海带

彩图 41 "黄官"海带

彩图 40 "爱伦湾"海带

彩图 42 "三海"海带

彩图 43 "东方 6 号"海带

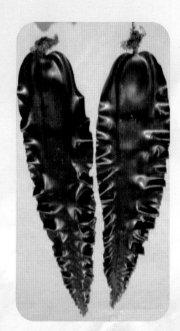

彩图 44 "东方 7 号"海带

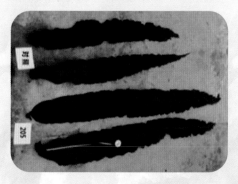

彩图 45 "205"海带

彩图 46　海带养殖区（一）

彩图 47　海带养殖区（二）

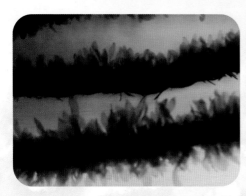

彩图 48　正常的幼苗（左侧：棕帘；右侧：维尼纶帘）

彩图 49　苗帘装入泡沫箱

彩图 50　准备运输的苗帘

彩图 51　苗帘短途运输

彩图 52　苗帘长途运输

彩图 53 海带剔苗

彩图 54 海带夹苗

彩图 55 海带挂苗

彩图 56　海带绿烂病

彩图 57　海带白烂病

彩图 58　海带点状白烂病

彩图 59　海带泡烂病

彩图 60　海带收获

彩图 61　晒干海带

彩图 62　海带晾晒

彩图 63　烘干海带

彩图 64　盐渍海带

彩图 65　海带收获